多変数の微積分

［Webアシスト演習付］

廣瀬英雄 著

培風館

まえがき

高校までの微積分では定義域での変数が1つしかない1変数の微積分を取り扱う．大学に入って初めて，定義域での変数が2つ以上の多変数関数の微積分を学ぶ．変数が増えることで少し複雑になるだけのような気もする．しかし，それだけではない．多変数にはおもしろいことが待っている．

統計学で最も重要な確率分布の1つは正規分布である．平均が0で分散が1をもつ標準正規分布の密度関数は

$$f(x) = \frac{1}{\sqrt{2\pi}} e^{-\frac{x^2}{2}}$$

と書かれる．この密度関数の定義域は $-\infty < x < \infty$ であるから，$f(x)$ を定義域全体にわたって積分すると

$$\int_{-\infty}^{\infty} f(x)\, dx = 1$$

となる．一見，やさしい積分のようにみえる．しかし，1変数の積分法に頼っていてはこの積分計算はやすやすとはできない．ところが，本書で取り扱う2変数の積分法を使うとあっさりと計算できてしまう．多変数関数の微積分は計算が複雑で面倒になるばかりのように思えるが，この例のように，多変数関数を使うことで利便性が高まることがある．

定義域での変数が m 個の関数，例えば，

$$f(x_1, x_2, \cdots, x_m) = e^{-(x_1^2 + x_2^2 + \cdots + x_m^2)}$$

は，点 $(x_1, x_2, \cdots, x_m) = (1, 1, \cdots, 1)$ の近くではどのような振る舞いをするのだろうか．厳密ではなく近似的な値でもいいので急ぎ知りたい．じつは，多変数のときでも，1変数のときに用いたテイラー展開による近似法

$$f(x + dx) \approx f(x) + f'(x)\, dx$$

が使える．変数が m 個あるので，$f'(x)$ はどう変わるのだろう，dx はどう変わるのだろう，とても複雑になるのだろうと思いを巡らす．しかし，答えは驚くように簡単に表現できる．i 番目の変数 x_i 以外の変数を定数とみなし，変数は x_i だけと考えた微分 (偏微分という)

$$f_{x_i}(x_1, x_2, \cdots, x_m)$$

を用いて，

$$\begin{aligned} & f(x_1 + dx_1, x_2 + dx_2, \cdots, x_m + dx_m) \\ & \quad \approx f(x_1, x_2, \cdots, x_m) + \sum_{i=1}^{m} f_{x_i}(x_1, x_2, \cdots, x_m)\, dx_i \end{aligned}$$

と表せるのである．こんなにすっきりと簡単に表せるのかとハッとする．

本書は，大学の 1 変数の微積分を履修した後に学ぶ多変数の微積分の話題に特化している．また，多くのことを網羅的に示すのではなく，多変数の微積分ならではの特徴がつかめるよう，あくまで基礎的な考え方を丁寧に示すことに努めた．力学など工学系では，2, 3 変数の関数を取り扱うことが多い．関数をグラフにすることによりある程度理解は進むが，最近では，AI やデータサイエンスなど，高次元データを取り扱うことが普通になってきていて，関数をグラフにすることができず，様相をとらえにくい．そこで本書では，極値を求めるときなど，2 次元だけでなく高次元でも使えるように一般性をもたせた説明を行うようにしている．また，変数変換による重積分など，単に計算を行うだけでなく計算の背後にある仕組みも丁寧に説明するように心がけている．

さらに，本書の最大の特徴は，重積分に用いられる変数変換が，線形代数とからみあうところをすっきりさせようとした点にある．具体的には，変数変換には置換によるデターミナント (行列式) を用いることが多いが，本書では，(1) 置換，(2) 多重線形性，(3) 体積拡大率を用いる方法がすべて同じであることを詳しく説明した．

もう 1 つは，制約条件なしの最適化問題と制約条件付きの最適化問題が，機械学習やデータサイエンスで頻繁に用いられるラッソ (LASSO) の背景にどのように関係しているか，あるいは，変数の数が 3 以上の極値判定問題がいかに難しい問題であるかなど，実例を用いながら説明した点にある．

本書では，姉妹本「1 変数の微積分＝ Web アシスト演習付き」と同様に，オンライン演習システム「愛あるって」が利用できるようになっている．これは，よくみられる教科書のように章末の問題を解くだけでなく，多くの問題数を擁するオンライン演習のシステムを活用することで，理解がいっそう深まるように設けたものである．「愛あるって」はアダプティブオンライン IRT システムになっており，学習者の習熟度にあわせた問題が自動的に出題されるため，少ない問題数でも正確な評価値を与えることのできるシステムになっている．多くの問題を「楽しく」解くことによって，本書が多様な習熟度の学生の多くに活用されることを願っている．

本文中のカットは岡田楓さんに描いていただきました．ここに感謝の意を表します．また，3 次元グラフは Mathematica [17] を利用している．

2024 年 夏

著者しるす

培風館のホームページ

http://www.baifukan.co.jp/shoseki/kanren.html

から，オンライン学習のサイト「愛あるって」に入ることができる．

目　　次

ギリシア文字表

大文字	小文字	英語名	読　み
A	α	alpha	アルファ
B	β	beta	ベータ
Γ	γ	gamma	ガンマ
Δ	δ	delta	デルタ
E	ε, ϵ	epsilon	イ (エ) プシロン
Z	ζ	zeta	ゼータ (ツェータ)
H	η	eta	イータ
Θ	θ, ϑ	theta	シータ
I	ι	iota	イオタ
K	κ	kappa	カッパ
Λ	λ	lambda	ラムダ
M	μ	mu	ミュー
N	ν	nu	ニュー
Ξ	ξ	xi	グザイ (クシー)
O	o	omicron	オミクロン
Π	π, ϖ	pi	パイ
P	ρ, ϱ	rho	ロー
Σ	σ, ς	sigma	シグマ
T	τ	tau	タウ
Υ	υ	upsilon	ウプシロン
Φ	ϕ, φ	phi	ファイ
X	χ	chi	カイ
Ψ	ϕ, ψ	psi	プサイ
Ω	ω	omega	オメガ

1
多変数関数

1.1　多変数関数とは

1 変数関数では，関数を，定義域 D での変数を x，値域での変数を y とし，「x を定めると規則 f によってただ 1 つの y が決まる」性質をもつものとしていた．1 個の x に対して 1 個の y を定めるだけである．値域は $f(D)$ で表していた．1 変数関数には，一般に 1 個の y に対して 1 個の x を定めてはいないが，特にこのことが必要な場合には「1 対 1 対応」として特別に取り扱った．また，関数 f が任意の $x_1 < x_2 \in D$ に対し，$f(x_1) \leq f(x_2)$ なら単調増加，$f(x_1) \geq f(x_2)$ なら単調減少といった．

これに対して多変数関数では，定義域 D での変数の数が 2 個以上の場合を取り扱う．値域 $f(D)$ での変数の数は 1 個である．定義域での変数の数が m 個の場合の変数を $(x_1, x_2, \cdots, x_m)$ と表すとき，多変数関数は次のようにいい表すことができる．

定義 1.1.　**多変数関数**は，定義域 D での変数 $(x_1, x_2, \cdots, x_m)$ を 1 つ定めると規則 f によって値域にただ 1 つの y が決まる．

$m = 2$ の場合での議論は $m \geq 3$ の場合でも同様になることが多いので，以下では主に $m = 2$ の場合を取り扱い，このときの定義域の変数を (x, y)，値域の変数を z と表すことにする．

例題 1.1. $z = -x - y + 1$ は関数になるか.

【解】 $z = -x - y + 1$ は, (x, y) を定めると, 3 点 $(1, 0, 0), (0, 1, 0), (0, 0, 1)$ を通る平面上にただ 1 つ z が定まるので関数である. 定義域は

$$D = \{ (x, y) \in \mathbb{R}^2 \mid -\infty < x < \infty,\ -\infty < y < \infty \},$$

値域は区間

$$-\infty < z < \infty$$

である. このように, 2 変数関数は一般に 3 次元空間で曲面を表す. □

例題 1.2. $z = x^2 + y^2$ は関数になるか.

【解】 $z = x^2 + y^2$ は, (x, y) を定めると z がただ 1 つ定まるので, これは関数である. しかし, $z = C$ (C は定数) を 1 つ定めても, $x^2 + y^2 = C$ は図 1.1 に示すように半径 $\sqrt{C}$ の円になり, これを満たす (x, y) は定義域 D に無数に存在する. 定義域は

$$D = \{ (x, y) \in \mathbb{R}^2 \mid -\infty < x < \infty,\ -\infty < y < \infty \},$$

値域は区間

$$0 \leq z < \infty$$

である. □

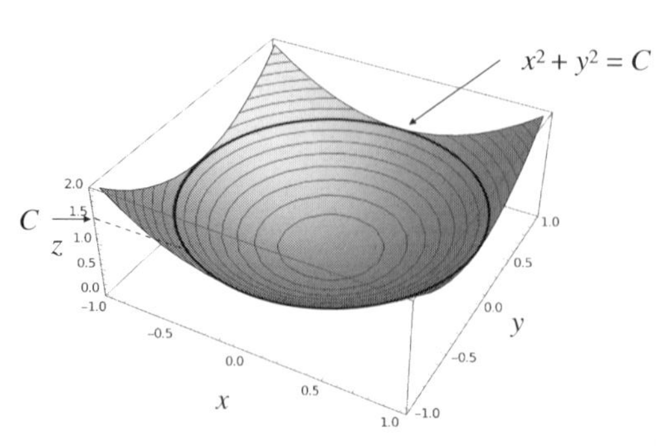

図 1.1 $z = x^2 + y^2$ のグラフ

この例題のように, 単独の 2 変数関数だけでは, 1 個の z に対して 1 個の (x, y) を定めることはできないので「1 対 1 対応」は考えず, 1 対 1 対応を前

提とした「逆関数」についても考えない．また，定義域 D 内の 2 点で，増加とか減少ということを定義できないので「単調性」も考えない1)．これらは，$m \geq 3$ の多変数関数でも同様である．ただし，例えば，

$$\begin{cases} y_1 = a_{11}x_1 + a_{12}x_2 + \cdots + a_{1m}x_m, \\ y_2 = a_{21}x_1 + a_{22}x_2 + \cdots + a_{2m}x_m, \\ \qquad \vdots \\ y_m = a_{m1}x_1 + a_{m2}x_2 + \cdots + a_{mm}x_m \end{cases} \tag{1.1}$$

で表される線形写像のように，複数の多変数関数が連立されている場合には別の取り扱いになる．

1.2 極　　限

1 変数関数では，ある数列 $\{a_n\}$ の**極限**

$$\lim_{n \to \infty} a_n$$

がある定数 α になるとき，数列 $\{a_n\}$ は定数 α に**収束**するといった．このとき，数直線上にある点列をイメージしながら，ある数列がある点に収束するということを「限りなく近づく」というような「動的」な表現を使うことで感覚的に理解していた．しかし，収束値のまわりで数直線上を左右に交互に動きながら近づく数列の場合もあるため，もっと厳密ないい回しとして「静的」に 2 点間の距離を用いて “近さ” を表現する方法を示した2)．

つまり，数列 $\{a_n\}$ が α に収束するとは，

ある小さい数 $\varepsilon > 0$ を決めると，それに対応する自然数 N が存在して，
$n \geq N$ となるすべての n に対して $|a_n - \alpha| < \varepsilon$ が成立する，

と定義した．通常，このことを簡単に，

$$a_n \to \alpha \quad (n \to \infty)$$

1) D 内の点列が直線上に乗っている場合には「単調性」を考えることができる．
2) 1 変数の微積分 [3], p.20, ε-N 論法を参照．

と書いた.

1 変数関数での関数の極限については, x が α に近づくとき, 関数 $f(x)$ の極限がある定数 β になれば, 関数 $f(x)$ は定数 β に収束するといった. このとき, x の α への近づき方によって, 関数の収束値も右からの収束値とか左からの収束値とかの表現も用いていた[3). そこで, 数列と同様に「静的」に 2 点間の距離を用いた "近さ" で表現すると,

> ある小さい数 $\varepsilon > 0$ を定めると, その ε に応じたある数 $\delta = \delta(\varepsilon) > 0$ が決まり,
>
> $$|x - \alpha| < \delta \quad \text{ならば} \quad |f(x) - \beta| < \varepsilon$$
>
> が成立する,

と定義[4) した. 通常, このことを簡単に,

$$f(x) \to \beta \quad (x \to \alpha)$$

と書いた.

一方, 多変数関数では, 点列がある点に収束する「動き」をイメージしていては自由度が高すぎて厳密性を損なう. 例えば, 定義域が 2 次元の場合, 図 1.2 に示すように, 1 点に向かって直線的に近づいていくか, あるいは螺旋状に回転しながら徐々に 1 点に近づくか, さまざまな近づき方が考えられる. ところが, 近づいていく点と収束する点との 2 点間の距離がある一定値よりも小さいという表現をしておけば, 2 次元だけでなく, 高次元でもまったく同じ表現で収束を定義できる.

そこで, m 次元空間での 2 点 $(a_1, \cdots, a_m), (b_1, \cdots, b_m)$ の**距離関数** (通常はユークリッド距離) d を

$$d((a_1, \cdots, a_m), (b_1, \cdots, b_m)) = \sqrt{(a_1 - b_1)^2 + \cdots + (a_m - b_m)^2} \tag{1.2}$$

で表す. このとき, 点列 $\{(a_1^{(n)}, \cdots, a_m^{(n)})\}_{n=1,\cdots,\infty}$ が点 $(\alpha_1, \cdots, \alpha_m)$ に収束することを次で定義する.

---

3) 1 変数の微積分 [3], p.27, 関数の極限を参照.
4) 1 変数の微積分 [3], p.28, ε-δ 論法を参照.

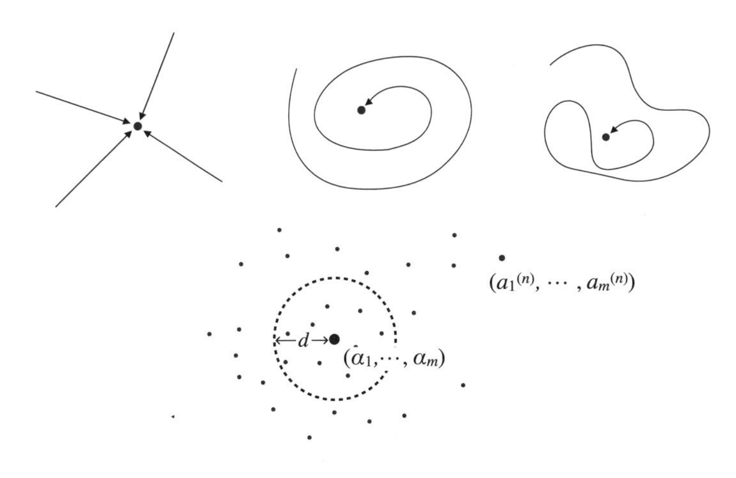

図 1.2　点列 $\{(a_1^{(n)}, \cdots, a_m^{(n)})\}$ の 1 点への近づき方の例

定義 1.2.　点列 $\{(a_1^{(n)}, \cdots, a_m^{(n)})\}_{n=1,\cdots,\infty}$ が点 $(\alpha_1, \cdots, \alpha_m)$ に**収束**するとは，ある小さい数 $\varepsilon > 0$ を決めると，それに対応する自然数 N が存在して，$n \geq N$ となるすべての n に対して

$$d((a_1^{(n)}, \cdots, a_m^{(n)}), (\alpha_1, \cdots, \alpha_m)) < \varepsilon$$

となることである．

通常，このことを簡単に，

$$(a_1^{(n)}, \cdots, a_m^{(n)}) \to (\alpha_1, \cdots, \alpha_m) \quad (n \to \infty)$$

あるいは，

$$\lim_{n \to \infty} (a_1^{(n)}, \cdots, a_m^{(n)}) = (\alpha_1, \cdots, \alpha_m)$$

と書く．

また，関数の極限については，次のように定義する．

定義 1.3.　関数 $f(x_1, \cdots, x_m)$ が値 β に**収束**するとは，ある小さい数 $\varepsilon > 0$ を定めると，その ε に応じたある数 $\delta = \delta(\varepsilon) > 0$ が決まり，

$$d((x_1,\cdots,x_m),(\alpha_1,\cdots,\alpha_m))<\delta \quad \text{ならば} \quad d(f(x_1,\cdots,x_m),\beta)<\varepsilon$$

となることである.

通常，このことを簡単に,

$$f(x_1,\cdots,x_m)\to\beta \quad ((x_1,\cdots,x_m)\to(\alpha_1,\cdots,\alpha_m))$$

あるいは,

$$\lim_{(x_1,\cdots,x_m)\to(\alpha_1,\cdots,\alpha_m)} f(x_1,\cdots,x_m)=\beta$$

と書く.

例題 1.3. $\displaystyle\lim_{(x,y)\to(0,0)} \frac{x^4+2x^2y^2+y^4}{x^2+y^2}$ を求めよ.

【解】 $(x,y)\neq(0,0)$ なので，$\displaystyle\frac{x^4+2x^2y^2+y^4}{x^2+y^2}=x^2+y^2$ である．$\delta^2=\varepsilon$ とすれば,

$$\sqrt{(x-0)^2+(y-0)^2}<\delta$$

ならば,

$$\frac{x^4+2x^2y^2+y^4}{x^2+y^2}=(\sqrt{x^2+y^2})^2<\delta^2=\varepsilon$$

となるので，$\displaystyle\lim_{(x,y)\to(0,0)} \frac{x^4+2x^2y^2+y^4}{x^2+y^2}=0$ である. □

例題 1.4. $\displaystyle\lim_{(x,y)\to(0,0)} \frac{x+y}{\sqrt{x^2+y^2}}$ を求めよ.

【解】 原点と点 $(1,k)$ を結ぶ直線 $y=kx$ 上の点 (x,y) を考える．このとき,

$$\lim_{x\to 0}\left|\frac{x+kx}{\sqrt{x^2+(kx)^2}}\right|=\lim_{x\to 0}\left|\frac{x(1+k)}{\sqrt{x^2(1+k^2)}}\right|=\left|\frac{1+k}{\sqrt{1+k^2}}\right|$$

となり，この値は k によって変化する．したがって，$\displaystyle\lim_{(x,y)\to(0,0)} \frac{x+y}{\sqrt{x^2+y^2}}$ は極限をもたない. □

●休憩　0^0 再訪

0^0 が未定義となることは，1 変数の指数関数の極限[5]を使うことによって示されている．ここでは，この問題を 2 変数の関数の極限としてもう一度考えてみよう．

$f(x,y)=x^y$ とする．ただし，$(x,y)\neq(0,0)$ である．

1)　y 軸上の点 $(0,y)$ を考える．このとき，

$$\lim_{y\to 0} 0^y = 0.$$

2)　原点と点 $(1,k)$ を結ぶ直線 $y=kx$ 上の点 (x,y) を考える．このとき，

$$\lim_{(x,y)\to(0,0)} x^y = \lim_{x\to 0} x^{kx} = 1 \quad (k \geq 0)$$

となり，点 (x,y) が点 $(0,0)$ に向かう方向によって極限値が変化する．したがって，$\displaystyle\lim_{(x,y)\to(0,0)} x^y$ は極限をもたない．つまり，0^0 は未定義となる．　□

1.3　連　　続

1 変数関数では，領域 $D\subset\mathbb{R}$ で定義される関数 f が点 a で**連続**[6]であるとは，どのような $\varepsilon>0$ に対しても，ある $\delta=\delta(\varepsilon)>0$ が存在して，

$$|x-a|<\delta \ \ \text{ならば} \ \ |f(x)-f(a)|<\varepsilon$$

となっていることであった．簡単にいうと，$\displaystyle\lim_{x\to a} f(x)$ が，点 a で定義された関数の値 $f(a)$ に等しいということになる．

多変数関数では，関数 f が点 $(\alpha_1,\cdots,\alpha_m)$ で連続であるということを次で定義する．

定義 1.4.　関数 f が**連続**であるとは，ある小さい数 $\varepsilon>0$ を定めると，その ε に応じたある数 $\delta=\delta(\varepsilon)>0$ が決まり，$d((x_1,\cdots,x_m),(\alpha_1,\cdots,\alpha_m))<\delta$ ならば

5)　1 変数の微積分 [3], p.41, 「休憩」を参照．
6)　1 変数の微積分 [3], p.38, ε-δ 論法を参照．

$$d(f(x_1, \cdots, x_m), f(\alpha_1, \cdots, \alpha_m)) < \varepsilon$$

が成立することである.

通常，このことを簡単に,

$$f(x_1, \cdots, x_m) \to f(\alpha_1, \cdots, \alpha_m) \quad ((x_1, \cdots, x_m) \to (\alpha_1, \cdots, \alpha_m))$$

と書く．簡単にいうと，$\lim_{(x_1, \cdots, x_m) \to (\alpha_1, \cdots, \alpha_m)} f(x_1, \cdots, x_m)$ が，点 $(\alpha_1, \cdots, \alpha_m)$ で定義された関数の値 $f(\alpha_1, \cdots, \alpha_m)$ に等しいということになる.

例題 1.5. 次の関数 $f(x, y)$ は点 $(0, 0)$ で連続か.

(1) $f(x, y) = \begin{cases} \dfrac{x^2y^2}{x^2 + y^2} & ((x, y) \neq (0, 0)), \\ 0 & ((x, y) = (0, 0)) \end{cases}$

(2) $f(x, y) = \begin{cases} \dfrac{x^2 - y^2}{x^2 + y^2} & ((x, y) \neq (0, 0)), \\ 0 & ((x, y) = (0, 0)) \end{cases}$

【解】 **(1)** 小さい数 $\varepsilon > 0$ をとり，$\delta = \sqrt{\varepsilon}$ とする．$\sqrt{x^2 + y^2} < \delta$ ならば $|y| < \sqrt{x^2 + y^2} < \delta$ である．$f(x, y)$ は x, y に対して対称なので，$(x, y) \neq (0, 0)$ では $x \neq 0$ としておく．このとき,

$$0 \leq \frac{x^2y^2}{x^2 + y^2} \leq \frac{x^2y^2}{x^2} = y^2 < \varepsilon.$$

したがって，$f(x, y)$ は点 $(0, 0)$ で連続である.

(2) 原点と $(1, k)$ を結ぶ直線 $y = kx$ 上にある点 (x, y) を考える．$x \neq 0$ のとき，$x^2 - y^2 = (1 - k^2)x^2$，$x^2 + y^2 = (1 + k^2)x^2$ であるから，$\dfrac{x^2 - y^2}{x^2 + y^2} = \dfrac{1 - k^2}{1 + k^2}$ となる．$\varepsilon = 0.5$ とするとき，$k = 0.5$ ならば，どのような (小さな) $\delta > 0$ をとっても，x の大きさにかかわらず

$$\frac{1 - k^2}{1 + k^2} = \frac{0.75}{1.25} > 0.5 = \varepsilon$$

となってしまう．したがって，$f(x, y)$ は点 $(0, 0)$ で連続ではない. □

定義域での点 $(\alpha_1, \cdots, \alpha_m)$ の **δ 近傍** $U((\alpha_1, \cdots, \alpha_m), \delta) = U(\delta)$ [7]は，

$$\{(x_1, \cdots, x_m) \mid d((x_1, \cdots, x_m), (\alpha_1, \cdots, \alpha_m)) < \delta\}$$

と表される集合で定義される．また，値域での点 β の **ε 近傍** $V(\beta, \varepsilon) = V(\varepsilon)$ は，

$$\{y \mid d(y, \beta) < \varepsilon\}$$

と表される集合で定義される．この近傍の言葉を使って連続を定義すると，

関数 f が**連続**であるとは，

$$f(U(\delta)) \subset V(\varepsilon)$$

が成り立つことである．

1.4　最大値・最小値

1 変数関数では，閉区間 $[a, b]$ で定義された関数 $f(x)$ はその区間で最大値，最小値をとることがわかっている[8]．多変数関数でも同じことが成立する．ただし，閉区間 $[a, b]$ は**閉集合** $D \subset \mathbb{R}$ に置き換わり，閉集合の定義を

「xy 平面上の集合 D が**閉じている**とは，D の点列 $\{(x_n, y_n),\ n = 1, 2, \cdots\}$ が xy 平面上の点 (a, b) に収束しているならば $(a, b) \in D$ であるという性質をもつ」

こととする．

このとき，次の定理 1.1, 1.2, 1.3 が成立する．これらは 2 変数関数の場合の定理であるが，3 変数以上の多変数関数についても同様である．

まず，$\lim_{n \to \infty} (x_n, y_n)$ が存在するとき，点列 $\{(x_n, y_n)\}$ の極限について次の定理が成り立つ．

7)　1 変数の微積分 [3], p.28, δ 近傍を参照．
8)　1 変数の微積分 [3], p.34, 最大値の定理を参照．

定理 1.1 (ボルツァーノ・ワイエルシュトラス). 平面上の有界閉集合 D 内の点列 $\{(x_n, y_n),\ n = 1, 2, \cdots\}$ は，適当な部分列を選べば D の点に収束する．

証明 D は有界なので，十分大きい数 $M > 0$ をとれば，D は正方形領域

$$|x| \leq M, \quad |y| \leq M$$

に含まれる．点列 $\{(x_n)\}$ は閉区間 $[-M, M]$ の中の点列なので，適当な部分列 $\{(x_{n'})\}$ をつくると，それは区間内の点 $a \in [-M, M]$ に収束する．次に，点列 $\{(y_{n'})\}$ の中から適当な部分列 $\{(y_{n''})\}$ をつくると，それは区間内の点 $b \in [-M, M]$ に収束する．この部分列に対応する部分点列 $\{(x_{n''}, y_{n''})\}$ は点 (a, b) に収束する．D は閉集合なので $(a, b) \in D$ である．■

1 変数のときと同様に，次の定理が成立する．

定理 1.2. 平面上の有界閉集合 D で定義された連続関数は，D 内の点で最大値および最小値をとる．

証明 D は有界であるから，$\displaystyle\lim_{n\to\infty} f(x_n, y_n) = \sup_{(x,y)\in D} f(x, y)$ を満たす D 内の収束点列 $\{(x_n, y_n)\}$ が存在する．点列 $\{(x_n, y_n)\}$ の中から適当な収束部分列 $\{(x_{n'}, y_{n'})\}$ をつくると，$\displaystyle(a, b) = \lim_{n'\to\infty}(x_{n'}, y_{n'})$ となる．このとき，

$$\lim_{n'\to\infty} f(x_{n'}, y_{n'}) = \sup_{(x,y)\in D} f(x, y)$$

である．D は閉集合なので $(a, b) \in D$ となる．また，f は点 (a, b) で連続であるから，$\displaystyle\lim_{n'\to\infty} f(x_{n'}, y_{n'}) = f(x, y)$ であり，$\displaystyle f(a, b) = \sup_{(x,y)\in D} f(x, y)$ となる．つまり，$f(a, b)$ は f の最大値である．

最小値も同様である．■

そうすると，$f(x, y)$ は 1 つの値しかとらないので，1 変数のときと同様に，次の定理 1.3 が成立する．

まず，定理に使われる一様連続の定義をしておく．

定義 1.5. 関数 f が D で**一様連続**であるとは，どのような小さい数 $\varepsilon > 0$ をとっても，対応する $\delta > 0$ が存在して，すべての点 (x, y)，$(x', y') \in D$ に対して，

$$d((x,y),(x',y')) < \delta \quad \text{ならば} \quad d(f(x,y), f(x',y')) < \varepsilon$$

が成り立つことである．

例題 1.6. 次の関数 $f(x, y)$ は $\mathbb{R}^2$ で一様連続か．

$$f(x,y) = e^{-\sqrt{x^2+y^2}}$$

【解】 $\varepsilon > 0$ をとる．

$$x = r\cos\theta,$$
$$y = r\sin\theta$$

と変数変換し，

$$r_1 = \sqrt{x_1^2 + y_1^2}, \quad r_2 = \sqrt{x_2^2 + y_2^2}$$

とする．ここで，$r_1 \leq r_2$ としても一般性を失わない．$\delta = \log(\varepsilon + 1)$ とする．$d(x_1 - x_2, y_1 - y_2) < \delta$ のとき，

$$r_2 - r_1 \leq d(x_1 - x_2, y_1 - y_2) < \delta$$

であるから，

$$\begin{aligned}
|f(x_1,y_1) - f(x_2,y_2)| &= |e^{-\sqrt{x_1^2+y_1^2}} - e^{-\sqrt{x_2^2+y_2^2}}| \\
&= |e^{-r_1} - e^{-r_2}| = |e^{-r_2}|\ |e^{r_2-r_1} - 1| \\
&< |e^{r_2-r_1} - 1| = e^{r_2-r_1} - 1 \\
&< e^{\delta} - 1 = e^{\log(\varepsilon+1)} - 1 = \varepsilon
\end{aligned}$$

が成り立つ．したがって，$f(x, y)$ は $\mathbb{R}^2$ で一様連続である． □

定理 1.3. 平面上の有界閉集合 D で定義された連続な関数は一様連続である．

証明 一様連続でないと仮定すると，ある数 $\varepsilon > 0$ をとると，すべての $\delta > 0$ に対して，ある $(x, y), (x', y')$ が存在して，$d((x,y),(x',y')) < \delta$ であっても $|f(x,y) - f(x',y')| \geq \varepsilon$ となることがある．

$\delta = \dfrac{1}{n}$ とするとき, $(x_n, y_n) \in D$, $(x'_n, y'_n) \in D$ となる $\{(x_n, y_n)\}, \{(x'_n, y'_n)\}$ をつくる．ただし,

$$d((x_n, y_n), (x'_n, y'_n)) < \delta \quad \text{で,} \quad |f(x_n, y_n) - f(x'_n, y'_n)| \geq \varepsilon$$

となるとする．すると, $\{(x_n, y_n)\}$ からある部分列 $\{(x_{n_j}, y_{n_j})\}$ と点 (a, b) が存在して,

$$\lim_{n_j \to \infty} (x_{n_j}, y_{n_j}) = (a, b)$$

となる．D は閉集合であるから $(a, b) \in D$ であり, $\{(x'_n, y'_n)\}$ から部分列 $\{(x'_{n_j}, y'_{n_j})\}$ をつくると

$$\begin{aligned} d((x'_{n_j}, y'_{n_j}), (a, b)) &= d((x'_{n_j} - x_{n_j} + x_{n_j}, y'_{n_j} - y_{n_j} + y_{n_j}), (a, b)) \\ &\leq d((x'_{n_j}, y'_{n_j}), (x_{n_j}, y_{n_j})) + d((x_{n_j}, y_{n_j}), (a, b)) \\ &\leq \frac{1}{n_j} + d((x_{n_j}, y_{n_j}), (a, b)) \end{aligned}$$

であるから

$$\lim_{n_j \to \infty} (x'_{n_j}, y'_{n_j}) = (a, b)$$

となる．

ところで, f は点 (a, b) で連続なので,

$$\lim_{n_j \to \infty} f(x_{n_j}, y_{n_j}) = f(a, b),$$

$$\lim_{n_j \to \infty} f(x'_{n_j}, y'_{n_j}) = f(a, b)$$

である．一方, 一様連続ではないとの仮定から, $|f(x_{n_j}, y_{n_j}) - f(x'_{n_j}, y'_{n_j})| \geq \varepsilon$ である．すると,

$$\begin{aligned} 0 < \varepsilon &\leq |f(x_{n_j}, y_{n_j}) - f(x'_{n_j}, y'_{n_j})| \\ &= |f(x_{n_j}, y_{n_j}) - f(a, b) - f(x'_{n_j}, y'_{n_j}) + f(a, b)| \\ &\leq |f(x_{n_j}, y_{n_j}) - f(a, b)| + |f(x'_{n_j}, y'_{n_j}) - f(a, b)| \\ &\to 0 \ (n_j \to \infty) \end{aligned}$$

となって, これは矛盾である． ■

第 1 章の章末問題

問 1 $\displaystyle\lim_{(x,y)\to(0,0)} \frac{x^2+xy+y^2}{\sqrt{x^4+y^4}}$ を求めよ.

問 2 $\displaystyle\lim_{(x,y,z)\to(0,0,0)} \frac{x^2y^2z^2}{x^2+y^2+z^2}$ を求めよ.

問 3 次の関数 $f(x,y)$ は点 $(0,0)$ で連続かどうかを調べよ.

$$f(x,y)=\begin{cases} \dfrac{x-y^3}{x+y^3} & ((x,y)\neq(0,0)), \\ 0 & ((x,y)=(0,0)) \end{cases}$$

問 4 次の関数 $f(x,y)$ は点 $(0,0)$ で連続かどうかを調べよ.

$$f(x,y)=\begin{cases} \dfrac{\sin(x^2+y^2)}{x^2+y^2} & ((x,y)\neq(0,0)), \\ 1 & ((x,y)=(0,0)) \end{cases}$$

問 5 次の関数 $f(x,y)$ は $\mathbb{R}^2$ で一様連続かどうかを調べよ.

$$f(x,y)=\log^{-\sqrt{x^2+y^2}}$$

2 多変数関数の微分

1 変数での微分では，関数 $y = f(x)$ がある点 a でどの程度変化するかをみていた．図 2.1 に示すように，点 a で曲線 $f(x)$ に接する直線の傾き $(\tan\theta)$ がその程度を表していた．

では，2 変数関数 $z = f(x, y)$ における微分とはどういうものを指すのであろうか．それは 1 変数と同じように，xy 平面上のある点 (a, b) の近くで $z = f(x, y)$ がどの程度変化するかをみるものになるだろう．そこで，1 変数と同じように，その点に接する直線を想像してみよう．まずは，図 2.2 で示すようなあらゆる方向にさまざまな傾きをもった直線を思い浮かべるかもしれない．破線は x 軸方向と y 軸方向の接線を表す．接線の傾きはこのように変化に富んでいるのだろうか．また，2 変数でも直線を使って関数の変化の程度をみるのだろうか，それとも別の方法を使うのだろうか．

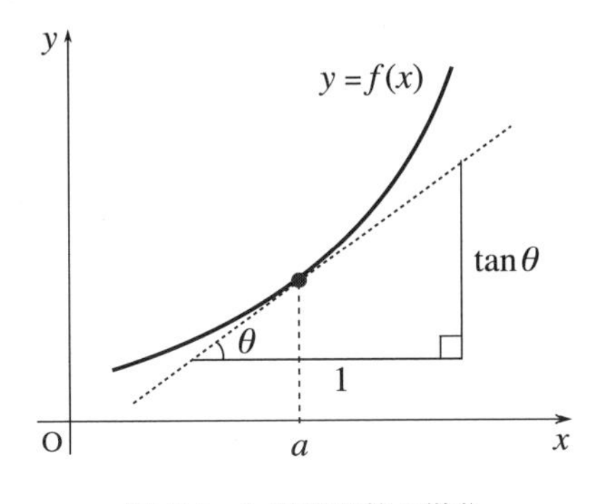

図 2.1　1 変数関数の微分

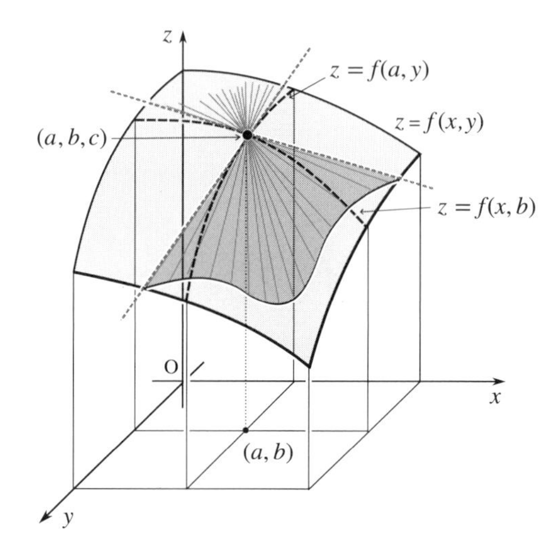

図 2.2 2 変数関数の微分

じつは，点 (a, b, c) $(c = f(a, b))$ での 2 変数関数の変化は，3 次元空間の点 (a, b, c) で関数 $z = f(x, y)$ に接する平面 (2 次元の 1 次関数) で近似的にとらえることができる．また，この平面は，後で示すように，点 (a, b, c) で関数 $z = f(x, y)$ に接する 2 つの独立な接線を使って表現することができるのである．

2.1 偏 微 分

2 変数関数 $z = f(x, y)$ の点 (a, b, c) での x 軸方向の接線と y 軸方向の接線を考えてみよう．x 軸方向の接線は，y を $y = b$ (定数) と固定したまま $f(a, b)$ での接線になる．このときの接線の傾きを (x 軸方向の接線ということで)

$$f_x(a, b)$$

と書くことにする．このとき，点 (a, b, c) での x 軸方向の接線の方程式は

$$z = f_x(a, b)(x - a) + f(a, b) \tag{2.1}$$

となる (図 2.2 参照)．同様に，y 軸方向の接線についても，

$$z = f_y(a,b)(y-b) + f(a,b) \tag{2.2}$$

となる．このように，(x,y) のうち y を固定したまま x だけを変数とみなして微分すること，あるいはを x を固定したまま y だけを変数とみなして微分することを**偏微分**とよぶ．これは，2 変数関数に限らず，一般に m 次元の関数 $f(x_1,\cdots,x_m)$ でも，x_i だけが変数で x_i 以外のすべての変数を定数とみなして偏微分を行うことができる．

定義 2.1. 関数 $y=f(x_1,\cdots,x_m)$ が点 $(a_1,\cdots,a_m)$ で x_i に関して**偏微分可能**であるとは，極限値

$$\lim_{h\to 0}\frac{f(a_1,\cdots,a_i+h,\cdots,a_m)-f(a_1,\cdots,a_i,\cdots,a_m)}{h}$$

が存在することである．この極限値を $y=f(x_1,\cdots,x_m)$ の点 $(a_1,\cdots,a_m)$ における x_i に関する**偏微分係数**といい，

$$f_{x_i}(a_1,\cdots,a_m),\quad \frac{\partial f}{\partial x_i}(a_1,\cdots,a_m),\quad \left.\frac{\partial y}{\partial x_i}\right|_{(x_1,\cdots,x_m)=(a_1,\cdots,a_m)}$$

などで表す．これは $f(x_1,\cdots,x_m)$ を変数 x_i のみの 1 変数関数とみて求めた微分係数ということができる．

注意 2.1. “∂”の読み方にはいくつかあるが，“ディー”，あるいは “ラウンド” とよぶことが多い．

定義 2.2. 関数 $y=f(x_1,\cdots,x_m)$ が定義域 D の各点で偏微分可能であるとき，f は D で**偏微分可能**であるという．このとき関数

$$(x_1,\cdots,x_m)\mapsto f_{x_i}(x_1,\cdots,x_m)$$

が定義されるが，これを $y=f(x_1,\cdots,x_m)$ の x_i に関する**偏導関数**とよび，

$$f_{x_i}(x_1,\cdots,x_m),\quad \big(f(x_1,\cdots,x_m)\big)_{x_i},\quad f_{x_i},$$

$$\frac{\partial}{\partial x_i}f(x_1,\cdots,x_m),\quad \frac{\partial f}{\partial x_i},\quad y_{x_i},\quad \frac{\partial y}{\partial x_i}$$

などで表す．これは $f(x_1,\cdots,x_m)$ を変数 x_i のみの 1 変数関数とみて求めた導関数ということができる．

x に関する偏導関数 $f_x(x,y)$ は，y を定数と考えることによって $f(x,y)$ を x のみの 1 変数関数と考えて微分したものであり，y に関する偏微分も同様である．したがって，偏微分のときも，1 変数関数の微分法と同様に，合成関数の微分法，積の微分法，商の微分法など，すべて適用できる．

例題 2.1. 関数 $f(x,y) = 2x^2y^2 - 4xy^3$ の点 $(1,1)$ における偏微分係数 $f_x(1,1)$, $f_y(1,1)$ を求めよ．

【解】 定義に従って計算すると，

$$
\begin{aligned}
f_x(1,1) &= \lim_{h\to 0} \frac{f(x+h,y) - f(x,y)}{h} \\
&= \lim_{h\to 0} \frac{\{2\cdot(1+h)^2\cdot 1^2 - 4\cdot(1+h)\cdot 1^3\} - \{2\cdot 1^2\cdot 1^2 - 4\cdot 1\cdot 1^3\}}{h} \\
&= \lim_{h\to 0} \frac{2h^2}{h} \\
&= \lim_{h\to 0}(2h) = 0.
\end{aligned}
$$

また，$\dfrac{d}{dx}f(x,1) = 4x - 4$ なので

$$
f_x(1,1) = 4\cdot 1 - 4 = 0
$$

から $f_x(1,1)$ を求めてもよい．

$f_y(1,1)$ についても同様に，$\dfrac{d}{dy}f(1,y) = 4y - 12y^2$ なので

$$
f_y(1,1) = 4\cdot 1 - 12\cdot 1^2 = -8
$$

が得られる． □

例題 2.2. 次の関数の偏導関数 $f_x(x,y)$, $f_y(x,y)$ を求めよ．

(1) $f(x,y) = x^4 + y^4 - 3xy$

(2) $f(x,y) = \dfrac{1}{x^4 + y^4 - 3xy}$

【解】 **(1)**

$$
f_x(x,y) = (x^4 + y^4 - 3xy)_x = 4x^3 - 3y,
$$

$$
f_y(x,y) = (x^4 + y^4 - 3xy)_y = 4y^3 - 3x.
$$

(2) $x^4+y^4-3xy=t$ とおくと $f(x,y)=\dfrac{1}{t}$ であるから，合成関数の微分法により

$$f_x(x,y)=t_x\left(\frac{1}{t}\right)_t=(4x^3-3y)\left(\frac{-1}{t^2}\right)=\frac{-4x^3+3y}{(x^4+y^4-3xy)^2},$$

$$f_y(x,y)=t_y\left(\frac{1}{t}\right)_t=(4y^3-3x)\left(\frac{-1}{t^2}\right)=\frac{-4y^3+3x}{(x^4+y^4-3xy)^2}.$$ □

●偏微分問題 1

$f(x,y)=5(x-1)^2+8(x-1)(y-2)+5(y-2)^2-9$ の偏導関数 $f_x(x,y)$, $f_y(x,y)$ を求めよ．

誤答例 $f_x(x,y)=10(x-1)+8,\quad f_y(x,y)=10(y-2)+8$

$f_x(x,y)$ では y を定数とみなして x について微分したところまではよいが，どうも定数とみなすべき y の付く項のほうまで (定数とみなして) 微分してしまい y の項が消えてしまったようだ．

[正答例]

$$f_y(x,y)=10(x-1)+8(y-2),$$

$$f_y(x,y)=10(y-2)+8(x-1).$$ □

●偏微分問題 2

$f(x,y)=\exp\{5(x-1)^2+8(x-1)(y-2)+5(y-2)^2-9\}$ の偏導関数 $f_x(x,y)$, $f_y(x,y)$ を求めよ．

誤答例

$$f_x(x,y)=\exp(5x^2+8xy+5y^2-9),$$

$$f_y(x,y)=\exp(5x^2+8xy+5y^2-9).$$

指数関数の微分では指数部分が残るというところまではよいが，合成関数の想起が消えてしまっている．

[正答例]

$$f_x(x,y)=(10(x-1)+8(y-2))$$
$$\times\exp\{5(x-1)^2+8(x-1)(y-2)+5(y-2)^2-9\},$$

$$f_y(x,y) = (8(x-1)+10(y-2)) \times \exp\{5(x-1)^2 + 8(x-1)(y-2) + 5(y-2)^2 - 9\}. \qquad \square$$

1 変数関数のときには，$f(x)$ が点 a で微分可能であれば，$f(x)$ はその点で連続であった．では，2 変数関数が点 (a,b) で偏微分可能なとき，その点で連続になるのだろうか．じつはそうはならない．

○**例**　例えば，2 変数関数

$$f(x,y) = \begin{cases} \dfrac{xy - x^2}{x^2 + y^2} & ((x,y) \neq (0,0)), \\ 0 & ((x,y) = (0,0)) \end{cases}$$

を考える．$f(x,y)$ は x 軸上で -1，y 軸上で 0 なので，$f_x(0,0)$ も $f_y(0,0)$ も 0 となり，$f(x,y)$ は点 $(0,0)$ で偏微分可能である．しかし，$y = kx$ の直線上では

$$f(x,kx) = \frac{kx^2 - x^2}{x^2 + k^2x^2} = \frac{k-1}{1+k^2}$$

となって，k の値によって $f(x,kx)$ の極限が異なっているので $f(x,y)$ は連続ではない．

じつは，$f_x(x,y)$ と $f_y(x,y)$ は，

$$f_x(x,y) = \frac{(y-2x)(x^2+y^2) - (xy-x^2)(2x)}{(x^2+y^2)^2} = \frac{y(-x^2-2xy+y^2)}{(x^2+y^2)^2},$$

$$f_y(x,y) = \frac{x(x^2+y^2) - (xy-x^2)(2y)}{(x^2+y^2)^2} = \frac{x(x^2+2xy-y^2)}{(x^2+y^2)^2}$$

となるので，どちらも $(0,0)$ 以外の各点で偏微分が存在して偏微分可能である．ところが，$(0,0)$ では

$$|f_x(0,y)| = \left|\frac{1}{y}\right| \to \infty \quad (y \to 0),$$

$$|f_y(x,0)| = \left|\frac{1}{x}\right| \to \infty \quad (x \to 0)$$

なので，どちらも有界でなくなっている．

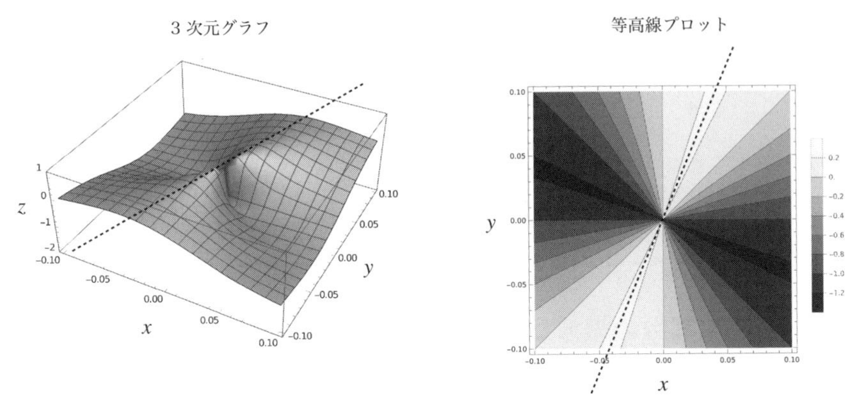

図 2.3 $f(x,y)=\dfrac{xy-x^2}{x^2+y^2}$ のグラフ

図 2.3 に $f(x,y)=\dfrac{xy-x^2}{x^2+y^2}$ のグラフを示すが，点 $(0,0)$ の近くで急激な変化が起こっていることがわかる． □

$f_x(x,y)$, $f_y(x,y)$ に「どちらも有界」という条件を付ければよさそうに思える．しかし，この条件をもう少しゆるくするとどうなるのだろう．じつは，$f_x(x,y), f_y(x,y)$ の少なくとも 1 つが有界ならば $f(x,y)$ は連続になる．

定理 2.1. xy 平面上の領域 D で定義された関数 $f(x,y)$ の偏微分 $f_x(x,y)$, $f_y(x,y)$ が各点 $(x,y)\in D$ で存在して，少なくとも 1 つが有界ならば $f(x,y)$ は連続である．

証明 $f_x(x,y)$ か $f_y(x,y)$ のどちらかが有界であると仮定して，

$$f(a+\Delta x, b+\Delta y)\to f(a,b)\quad (\Delta x\to 0,\ \Delta y\to 0)$$

を示そう．

$f_x(x,y)$ が有界であると仮定する．つまり，ある数 M が存在して，$|f_x(x,y)|\le M$ とする．小さな数 $\Delta x, \Delta y$ をとると，

$$\begin{aligned}&f(a+\Delta x, b+\Delta y)-f(a,b)\\&\quad=f(a+\Delta x, b+\Delta y)-f(a,b+\Delta y)+f(a,b+\Delta y)-f(a,b)\end{aligned}$$

$$= f_x(a, b+\Delta y)\Delta x + \varepsilon_1 \Delta x + f_y(a,b)\Delta y + \varepsilon_2 \Delta y \tag{2.3}$$

と書くことができる．ここで，$\varepsilon_1 \to 0$ $(\Delta x \to 0)$，$\varepsilon_2 \to 0$ $(\Delta y \to 0)$ なので，

$$|f(a+\Delta x, b+\Delta y) - f(a,b)| \leq |M + \varepsilon_1|\,|\Delta x| + |f_x(x,y) + \varepsilon_2|\,|\Delta y|$$
$$\to 0 \quad (\Delta x \to 0,\ \Delta y \to 0).$$

したがって，f_x, f_y のうち少なくとも 1 つが有界ならば f は連続である．■

2.2 1 変数関数の微分から多変数関数の微分へ

1 変数関数では，点 a での関数の変化は微分によって表すことができた．つまり，小さい Δx に対して，

$$f(a+\Delta x) - f(a) = f'(a)\Delta x + \varepsilon \Delta x$$

であった．ただし，$\Delta x \to 0$ のとき $\varepsilon \to 0$ である．では，2 変数関数の場合にはどうなるのであろうか．

1 変数関数の微分の考え方を 2 変数関数 $f(x,y)$ に拡張してみると，$f(x,y)$ が微分可能であるとは，領域 D 内の点 (a,b) と，その点から $d = \sqrt{h^2+k^2}$ だけ離れた領域 D 内の点 $(a+h, b+k)$ の関数の変化を，

$$f(a+h, b+k) - f(a,b) = Ah + Bk + \varepsilon(h,k)d,$$
$$\lim_{(h,k)\to(0,0)} \varepsilon(h,k) = 0$$

となるように表せることであると考えることができる．ここで，A, B は適切な定数であるが，$f(x,y)$ が偏微分可能であれば，

$$A = f_x(a,b),\ B = f_y(a,b)$$

になる．

以下の定理は，上の $\varepsilon(h,k)$ を x と y の 2 方向に分解した形としたものである．

定理 2.2. 関数 $f(x,y)$ は xy 平面上の領域 $D: |x-a| < \alpha,\ |y-b| < \beta$ で連続で偏微分 $f_x(x,y), f_y(x,y)$ が各点 $(x,y) \in D$ で存在して，$f_x(x,y), f_y(x,y)$ のいずれかは点 (a,b) で連続であると仮定する．このとき Δf を

$$\Delta f = f(a+\Delta x, b+\Delta y) - f(a,b)$$

と定義すると，

$$\Delta f = f_x(a,b)\Delta x + f_y(a,b)\Delta y + \varepsilon_1 \Delta x + \varepsilon_2 \Delta y$$

が成り立つ．ただし，$\Delta x \to 0$ のとき $\varepsilon_1 \to 0$，$\Delta y \to 0$ のとき $\varepsilon_2 \to 0$ である．

証明　先に (2.3) 式で示したように，

$$\Delta f = f_x(a, b+\Delta y)\Delta x + \varepsilon_1 \Delta x + f_y(a,b)\Delta y + \varepsilon_2 \Delta y \tag{2.4}$$

と書くことができる．ここで，$f_x(x,y)$ が連続であると仮定すると，

$$\varepsilon = f_x(a, b+\Delta y) - f_x(a,b) \tag{2.5}$$

は，$\Delta y \to 0$ のとき $\varepsilon \to 0$ になる．ここで，$\varepsilon_1 \to 0$ $(\Delta x \to 0)$，$\varepsilon_2 \to 0$ $(\Delta y \to 0)$ なので，

$$\begin{aligned}\Delta f &= (f_x(a,b)+\varepsilon)\Delta x + \varepsilon_1 \Delta x + f_y(a,b)\Delta y + \varepsilon_2 \Delta y \\ &= f_x(a,b)\Delta x + (\varepsilon + \varepsilon_1)\Delta x + f_y(a,b)\Delta y + \varepsilon_2 \Delta y \end{aligned} \tag{2.6}$$

となる．$\varepsilon + \varepsilon_1$ をあらためて ε_1 と書くと定理が示される．

$f_y(x,y)$ が連続なときにも同様な方法による．■

上記の定理は，関数 $f(x,y)$ が点 (a,b) の近傍で，

$$\begin{aligned}&f(a+\Delta x, b+\Delta y) \\ &\quad = f(a,b) + f_x(a,b)\Delta x + f_y(a,b)\Delta y + \varepsilon_1 \Delta x + \varepsilon_2 \Delta y\end{aligned} \tag{2.7}$$

と近似できることを示している．

同様に，f が m 次元の多変数関数のときにも，f_{x_i} のうちで $m-1$ 以上は点 $(a_1, \cdots, a_i, \cdots, a_m)$ で連続であると仮定できるとき，

$$\begin{aligned}&f(a_1+\Delta x_1, \cdots, a_i+\Delta x_i, \cdots, a_m+\Delta x_m) \\ &\quad = f(a_1, \cdots, a_i, \cdots, a_m) \\ &\qquad + \sum_{i=1}^{m} \{f_{x_i}(a_1, \cdots, a_i, \cdots, a_m)\Delta x_i + \varepsilon_i\}\end{aligned} \tag{2.8}$$

と近似できることを示している．ここに，$\varepsilon_i \to 0$ $(\Delta x_i \to 0)$ である．

2.3 方向微分

偏微分では，2 変数関数 $z = f(x, y)$ の点 (a, b, c) での x 軸方向の接線と y 軸方向の接線を考えた．ここでは，点 (a, b, c) で関数 $z = f(x, y)$ に様々な方向から接する直線について考えてみよう．

そこで，まず，点 (a, b) におけるベクトル $\boldsymbol{u} = (u_1, u_2)^{\mathsf{T}}$ 方向の接線について考える．ここに "^{T}" は転置を表し，$\boldsymbol{u}$ は単位ベクトルとする．点 (a, b) から $\boldsymbol{u}$ 方向に距離 t だけ変化した点は $(a + tu_1, b + tu_2)$ で与えられる．点 (a, b) から点 $(a + tu_1, b + tu_2)$ までの 2 変数関数 $f(x, y)$ の平均変化率の極限を

$$D_{\boldsymbol{u}} f(a, b) = \lim_{t \to 0} \frac{f(a + tu_1, b + tu_2) - f(a, b)}{t} \tag{2.9}$$

で表し，これを $f(x, y)$ の点 (a, b) における $\boldsymbol{u}$ **方向の微分係数**とよぶ．この方向微分係数を表すのに，$D_{\boldsymbol{u}}$ の他に $\nabla_{\boldsymbol{u}}$，$\dfrac{\partial f}{\partial \boldsymbol{u}}$ などの記法を使う場合もある．方向微分は，点 (a, b) を通る $\boldsymbol{u}$ 方向の微分係数ということになるので，x 軸方向の偏微分係数 $\dfrac{\partial f}{\partial x}$ は $D_{(1,0)}$，y 軸方向の偏微分係数 $\dfrac{\partial f}{\partial y}$ は $D_{(0,1)}$ と表される．

このとき，次の定理が成り立つ．

定理 2.3. 関数 $f(x, y)$ は xy 平面上の領域 $D : |x - a| < \alpha,\ |y - b| < \beta$ で連続で偏微分 $f_x(x, y), f_y(x, y)$ が各点 $(x, y) \in D$ で存在して，$f_x(x, y), f_y(x, y)$ のいずれかは点 (a, b) で連続であると仮定する．このとき，$\boldsymbol{u} = (u_1, u_2)^{\mathsf{T}}$ 方向の**方向微分** $\Delta_{\boldsymbol{u}} f(a, b)$ は

$$\Delta_{\boldsymbol{u}} f(a, b) = f_x(a, b) u_1 + f_y(a, b) u_2$$

で与えられる．

証明 $\Delta x = tu_1$，$\Delta y = tu_2$ とするとき，

$$f(a + tu_1, b + tu_2) - f(a, b) = f_x(a, b) tu_1 + f_y(a, b) tu_2 + \varepsilon_1 tu_1 + \varepsilon_2 tu_2$$

なので，

$$\frac{f(a+tu_1,b+tu_2)-f(a,b)}{t}=f_x(a,b)u_1+f_y(a,b)u_2+\varepsilon_1u_1+\varepsilon_2u_2$$

となる．ここで，$t\to 0$ とすれば $\Delta x\to 0$, $\Delta y\to 0$ となる．したがって，$\varepsilon_1\to 0$, $\varepsilon_2\to 0$ となる． ■

この方向微分による接線と偏微分による接線との関係については，接平面の節 (2.5 節) の「休憩」で述べる．

例題 2.3. 次の関数

$$f(x,y)=\begin{cases}\dfrac{x^2-y^2}{x^2+y^2} & ((x,y)\neq(0,0)),\\ 0 & ((x,y)=(0,0))\end{cases}$$

の点 $(0,0)$ での $\boldsymbol{u}=(u_1,u_2)^{\mathsf{T}}$ 方向の方向微分を

$$\Delta_{\boldsymbol{u}}f(0,0)=f_x(0,0)u_1+f_y(0,0)u_2$$

と表すことができるか．

【解】 点 $(0,0)$ 以外での偏微分 f_x, f_y は，

$$f_x(x,y)=\frac{2x(x^2+y^2)-(x^2-y^2)(2x)}{(x^2+y^2)^2}=\frac{4xy^2}{(x^2+y^2)^2},$$

$$f_y(x,y)=\frac{-2y(x^2+y^2)-(x^2-y^2)(-2y)}{(x^2+y^2)^2}=\frac{-4yx^2}{(x^2+y^2)^2}$$

のように連続である．$f(x,0)=f(0,y)=f(0,0)=0$ なので，点 $(0,0)$ での偏微分係数は $f_x(0,0)=0$, $f_y(0,0)=0$ である．しかし，$y=kx$ 方向からの方向微分は

$$f_x(x,kx)=\frac{4k^2}{(1+k^2)^2x},$$

$$f_y(x,kx)=\frac{-4k^2}{(1+k^2)^2x}$$

と，k の値によって異なる．つまり，f_x, f_y は点 $(0,0)$ で連続ではない．したがって，

$$\Delta_{\boldsymbol{u}}f(0,0)=f_x(0,0)u_1+f_y(0,0)u_2$$

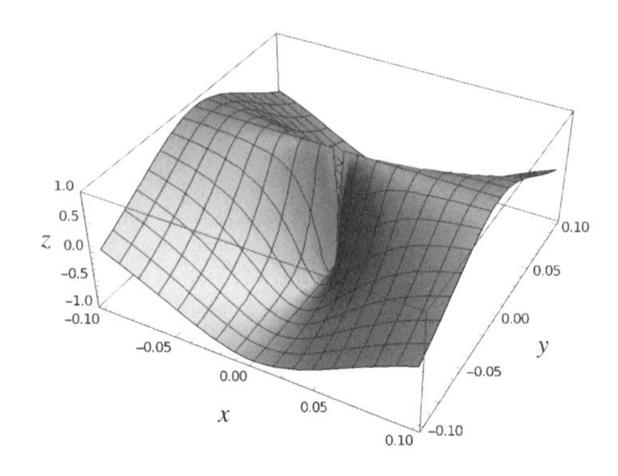

図 2.4　$f(x,y) = \dfrac{x^2 - y^2}{x^2 + y^2}$ のグラフ

のように表すことはできない.

図 2.4 に $f(x,y) = \dfrac{x^2 - y^2}{x^2 + y^2}$ のグラフ示す．点 $(0,0)$ の近くでの変化を，x 軸方向と y 軸方向の変化を使って表すことが困難であることがわかる． □

2.4　全 微 分

領域 D で関数 $z = f(x,y)$ は連続で，偏微分 f_x, f_y も各点で存在して，少なくとも一方が連続とする．このとき，点 (x,y) とベクトル $(u_1, u_2)^\mathsf{T}$ の関数である全微分 $dz = df(x,y,u_1,u_2)$ を次で定義する.

定義 2.3.　全微分 df を,

$$df(x,y,u_1,u_2) = f_x(x,y)u_1 + f_y(x,y)u_2 \tag{2.10}$$

と定義する.

ここで，$\boldsymbol{u} = (u_1, u_2)^\mathsf{T}$ とすれば,

$$df(x,y,u_1,u_2) = D_{\boldsymbol{u}} f(x,y)$$

である．$f(x,y)$ を特に x あるいは y と考えたとき,

$$dx(x, y, u_1, u_2) = D_{\boldsymbol{u}} x = u_1,$$
$$dy(x, y, u_1, u_2) = D_{\boldsymbol{u}} y = u_2$$

となるので，(2.10) 式は，

$$df = f_x\,dx + f_y\,dy \tag{2.11}$$

となっている．

例題 2.4. **(1)** 関数 $z = x^3 - 3x^2y + 3xy^2 - y^3$ の全微分 dz を求めよ．

(2) 関数 $z = x^3 + y^3$ について，dz を du, dv を用いて表せ．ただし，$x = u^2 + v^2$, $y = uv$ とする．

【解】 **(1)** 直接計算して，

$$\begin{aligned} dz &= z_x\,dx + z_y\,dy \\ &= (3x^2 - 6xy + 3y^2)\,dx + (-3x^2 + 6xy - 3y^2)\,dy. \end{aligned}$$

あるいは，$z = x^3 - 3x^2y + 3xy^2 - y^3 = (x-y)^3$ なので，

$$\begin{aligned} dz &= 3(x-y)^2(1 \cdot dx + (-1) \cdot dy) \\ &= (3x^2 - 6xy + 3y^2)\,dx + (-3x^2 + 6xy - 3y^2)\,dy. \end{aligned}$$

(2) $x_u = 2u$, $x_v = 2v$, $y_u = v$, $y_v = u$ より

$$dx = 2u\,du + 2v\,dv, \quad dy = v\,du + u\,dv.$$

ここで，$z_x = 3x^2$, $z_y = 3y^2$ より，

$$dz = 3x^2\,dx + 3y^2\,dy$$

である．したがって，

$$\begin{aligned} dz &= 3(u^2 + v^2)^2(2u\,du + 2v\,dv) + 3(uv)^2(v\,du + u\,dv) \\ &= 3\{2(u^4 + 2u^2v^2 + v^4)u + (u^2v^3)\}\,du \\ &\quad + 3\{2(u^4 + 2u^2v^2 + v^4)v + (u^3v^2)\}\,dv. \end{aligned}$$ □

2.5 接 平 面

$df = f(x+dx, y+dy) - f(x,y)$ と考えると，df は，$f(x,y)$ が，点 (x,y) から x 軸方向に dx だけ，y 軸方向に dy だけ離れた点 $(x+dx, y+dy)$ で $f(x+dx, y+dy)$ に変化した増分となっている．この様子を図に示したものが図 2.5 である．じつは，図に示した

点 $\mathrm{A}(x, y, f(x,y))$，
点 $\mathrm{B}(x+dx, y, f(x+dx, y))$，
点 $\mathrm{C}(x, y+dy, f(x, y+dy))$，
点 $\mathrm{D}(x+dx, y+dy, f(x+dx, y+dy))$

の 4 点からなる曲面は平面になっている．このことを確認しよう．

線分 AB のベクトルは $(dx, 0, f_x, dx)^\top$，
線分 BD のベクトルは $(0, dy, f_y\, dy)^\top$，
線分 AC のベクトルは $(0, dy, f_y\, dy)^\top$，
線分 CD のベクトルは $(dx, 0, f_x\, dx)^\top$

なので，点 ABD からつくられる平面と点 ACD からつくられる平面は同じ平面上にある．

前者の平面の法線ベクトルは，ベクトル $(0, dy, f_y\, dy)^\top$ と $(dx, 0, f_x\, dx)^\top$ の**外積**[1)]を計算すると，

$$\begin{aligned}&\bigl(0\cdot f_y\, dy - f_x\, dx\cdot dy, f_x\, dx\cdot 0 - dx\cdot f_y\, dy, dx\cdot dy - 0\cdot 0\bigr)^\top\\&\qquad = (f_x\, dydx, f_y\, dydx, -dxdy)^\top\end{aligned}$$

となる．後者の平面の法線ベクトルも同様に計算できて，上の法線ベクトルと同じ方向か反対の方向になる．法線ベクトルの大きさを $dxdy$ で割ると，

$$\boldsymbol{n} = (f_x, f_y, -1)^\top$$

という法線ベクトルが得られるので，点 (a,b) を通るこのベクトルに垂直な平面の方程式は，法線ベクトルと平面上のベクトルの内積が 0 になることから，

1) ベクトル $(a_1, a_2, a_3)^\top$ と $(b_1, b_2, b_3)^\top$ の**外積**によってつくられるベクトルは

$$(a_2b_3 - a_3b_2, -a_1b_3 + a_3b_1, a_1b_2 - a_2b_1)^\top$$

によって計算される．

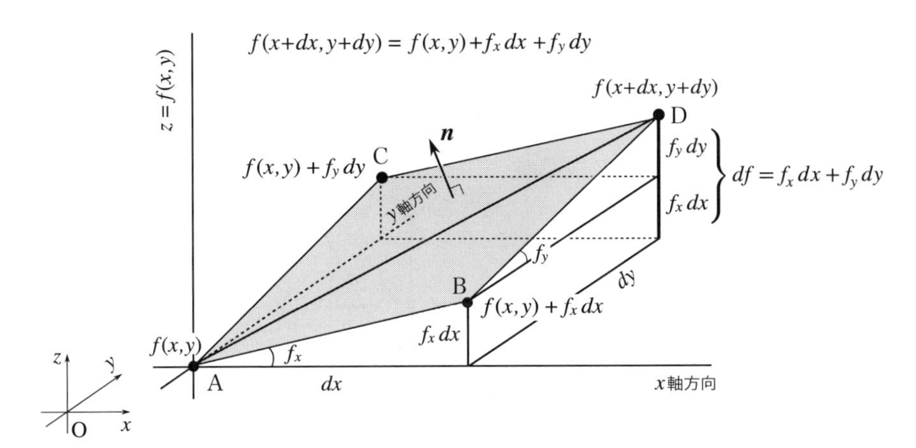

図 2.5 全微分 df の図形的説明

$$z = f(a,b) + (x-a)f_x(a,b) + (y-b)f_y(a,b) \tag{2.12}$$

で与えられることになる．これを**接平面**という．

すると，接平面について次が成り立っていることがわかる．

定理 2.4. 関数 $z = f(x,y)$ が xy 平面上の点 (a,b) で偏微分可能であり，$f_x(x,y)$, $f_y(x,y)$ の偏導関数のいずれかが点 (a,b) で連続であるとき，曲面 $z = f(x,y)$ 上の点 $(a,b,f(a,b))$ における接平面は，方程式

$$z - f(a,b) = f_x(a,b)(x-a) + f_y(a,b)(y-b)$$

で与えられる．このとき，ベクトル

$$\boldsymbol{n} = (f_x(a,b), f_y(a,b), -1)^{\mathsf{T}}, \tag{2.13}$$

および，これに 0 でない数をかけて得られるベクトルは接平面に垂直であり，これらは曲面 $z = f(x,y)$ の**法線ベクトル**になる．

●休憩 偏微分，方向微分，全微分，接平面

方向微分を考えるとき，はじめは，図 2.2 で示すように，あらゆる方向に様々な傾きをもった直線が波打った曲面を形成している状況を思い浮かべたかも

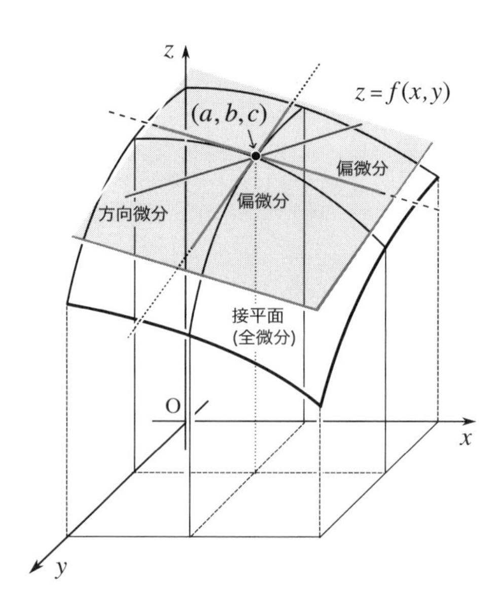

図 2.6 偏微分，方向微分，全微分，接平面

しれない．しかし，これまでみてきたように，ある方向 $\boldsymbol{u}$ の方向微分係数は，x 軸方向に u_1，y 軸方向に u_2 の大きさをもつベクトルの方向での微分係数であって，これは，x 軸方向の偏微分 f_x に u_1 だけ進んだものと，y 軸方向の偏微分 f_y に u_2 だけ進んだものを合成してできたものである．したがって，f を $\boldsymbol{u}$ 方向に微分した直線は，f を x 軸方向に微分した直線と f を y 軸方向に微分した直線の 2 つの直線から形成される平面上に乗っていることになる．

図 2.6 を使ってもう一度考えてみよう．曲面のある 1 点 (点 “●” で示す) で x 軸方向に接線 (図では破線) を引いたもの，y 軸方向に引いた接線 (図では点線) を考えると，その 2 つの接線からは，図に示すように 1 つの平面がつくられる．この平面は接平面になっている．“●” で示した点での方向微分を 1 つ考えて直線を描いてみると，それはこの接平面の平面上に乗っている．そして，この方向微分がすべての方向について存在するとき，関数は全方向で微分可能になっている．つまり，接平面は全微分によって得られるすべての接線の集合からつくられる平面を表していることにもなる．図に “接平面 (全微分)” と書かれているのはこのことを表している．

偏微分，方向微分，全微分，接平面の関係がこの図に示されている． □

例題 2.5. 関数 $f(x,y)=x^3+y^3+2xy$ の点 $(1,1)$ における $(u_1,u_2)^{\mathsf{T}}=\left(\frac{3}{5},\frac{4}{5}\right)^{\mathsf{T}}$ 方向の方向微分係数を求めよ．また，その点での接平面の方程式と法線ベクトルを求めよ．

【解】 $f(x,y)$ の偏導関数は，$f_x(x,y)=3x^2+2y$，$f_y(x,y)=3y^2+2x$ なので，方向微分係数は

$$f_x(1,1)\frac{3}{5}+f_y(1,1)\frac{4}{5}=3+4=7$$

となる．

点 $(1,1)$ における接平面の方程式は，(2.12) 式より，

$$z-f(1,1)=f_x(1,1)(x-1)+f_y(1,1)(y-1),$$

つまり，

$$z=5(x-1)+5(y-1)+5=5(x+y-1)$$

で与えられる．法線ベクトル $\boldsymbol{n}$ は，(2.13) 式より，

$$\boldsymbol{n}=(5,5,-1)^{\mathsf{T}}$$

となる． □

2.6 連 鎖 律

1 変数関数 $f(x)$ の変数 x が変数 t の関数 $x(t)$ になっているとき，$\dfrac{df(x(t))}{dx}$ は

$$\frac{df(t)}{dt}=\frac{df(x)}{dx}\frac{dx(t)}{dt}$$

のように，合成関数の微分ができた[2)]．多変数関数でも同様のことが成立する．$z=f(x,y)$ の変数 x,y がともに u,v の関数

---

2) 1 変数の微積分 [3], p.69, 定理 2.3.

$$x = x(u, v),$$
$$y = y(u, v)$$

になっているとする．このとき，

$$z = f(x(u, v), y(u, v))$$

を u, v の関数と考える．すると，次が成り立つ．

定理 2.5. f, x, y はすべて連続で，偏微分 f_x, f_y, x_u, x_v, y_u, y_v が存在し，f_x か f_y のいずれかは連続と仮定する．このとき，次の**連鎖律** (Chain Rule) が成り立つ．

$$\frac{\partial z}{\partial u} = \frac{\partial z}{\partial x}\frac{\partial x}{\partial u} + \frac{\partial z}{\partial y}\frac{\partial y}{\partial u},$$
$$\frac{\partial z}{\partial v} = \frac{\partial z}{\partial x}\frac{\partial x}{\partial v} + \frac{\partial z}{\partial y}\frac{\partial y}{\partial v}.$$

これを**マトリクス** (行列) で表すと

$$\begin{pmatrix} \dfrac{\partial z}{\partial u} \\ \dfrac{\partial z}{\partial v} \end{pmatrix} = \begin{pmatrix} \dfrac{\partial x}{\partial u} & \dfrac{\partial y}{\partial u} \\ \dfrac{\partial x}{\partial v} & \dfrac{\partial y}{\partial v} \end{pmatrix} \begin{pmatrix} \dfrac{\partial z}{\partial x} \\ \dfrac{\partial z}{\partial y} \end{pmatrix} \tag{2.14}$$

となる．

注意 2.2. 本書では「行列」のことを「マトリクス」とよぶ．

証明　まず，$\dfrac{\partial z}{\partial u}$ について示す．

$$\Delta x = x(u + \Delta u, v + \Delta v) - x(u, v),$$
$$\Delta y = y(u + \Delta u, v + \Delta v) - y(u, v)$$

とする．

$$\Delta z = \frac{\partial z}{\partial x}\Delta x + \frac{\partial z}{\partial y}\Delta y + \varepsilon_1 \Delta x + \varepsilon_2 \Delta y$$

であったから，この式を Δu で割って

$$\frac{\Delta z}{\Delta u} = \frac{\partial z}{\partial x}\frac{\Delta x}{\Delta u} + \frac{\partial z}{\partial y}\frac{\Delta y}{\Delta u} + \varepsilon_1 \frac{\Delta x}{\Delta u} + \varepsilon_2 \frac{\Delta y}{\Delta u}$$

となる．ここで，$\Delta v \equiv 0$, $\Delta u \to 0$ とすれば，$\Delta x \to 0$, $\Delta y \to 0$ となって，$\varepsilon_1 \to 0$, $\varepsilon_2 \to 0$ となる．つまり，

$$\frac{\partial z}{\partial u} = \frac{\partial z}{\partial x}\frac{\partial x}{\partial u} + \frac{\partial z}{\partial y}\frac{\partial y}{\partial u}.$$

$\dfrac{\partial z}{\partial v}$ についても同様である． ■

2 変数以上の多変数関数でも同様に，

$$\begin{pmatrix} \dfrac{\partial z}{\partial u_1} \\ \vdots \\ \dfrac{\partial z}{\partial u_l} \end{pmatrix} = \begin{pmatrix} \dfrac{\partial x_1}{\partial u_1} & \cdots & \dfrac{\partial x_m}{\partial u_1} \\ \vdots & \ddots & \vdots \\ \dfrac{\partial x_1}{\partial u_l} & \cdots & \dfrac{\partial x_m}{\partial u_l} \end{pmatrix} \begin{pmatrix} \dfrac{\partial z}{\partial x_1} \\ \vdots \\ \dfrac{\partial z}{\partial x_m} \end{pmatrix} \tag{2.15}$$

が成立する．

○例 $z = f(x, y)$ が，$x = r\cos\theta$, $y = r\sin\theta$ により変換され，偏微分 $f_x, f_y, x_r, y_r, x_\theta, y_\theta$ がいずれも存在して連続だとする．このとき，

$$\begin{pmatrix} \dfrac{\partial z}{\partial r} \\ \dfrac{\partial z}{\partial \theta} \end{pmatrix} = \begin{pmatrix} \cos\theta & \sin\theta \\ -r\sin\theta & r\cos\theta \end{pmatrix} \begin{pmatrix} \dfrac{\partial z}{\partial x} \\ \dfrac{\partial z}{\partial y} \end{pmatrix} \tag{2.16}$$

となる． □

また，特に，x と y が t の 1 変数関数の場合には，

$$\frac{dz}{dt} = \frac{\partial z}{\partial x}\frac{dx}{dt} + \frac{\partial z}{\partial y}\frac{dy}{dt} \tag{2.17}$$

と簡単に表すことができる．

注意 2.3. 1 変数関数のときには，$z = f(x)$, $x = g(t)$ の合成関数 $\dfrac{df(x(t))}{dt}$ では微分 $f'(x), g'(t)$ が存在することだけを仮定しておけばよかったが，2 変数関数の場合には，偏微分の存在と，その連続性も要求される．

例題 2.6. 関数

$$z = f(x,y) = \begin{cases} \dfrac{x^3 - y^3}{x^2 + y^2} & ((x,y) \neq (0,0)), \\ 0 & ((x,y) = (0,0)) \end{cases}$$

において，変換

$$\begin{aligned} x &= t\cos\theta \\ y &= t\sin\theta \end{aligned} \qquad (t : \text{変数},\ \theta : \text{定数})$$

を使って合成した t の関数

$$z = g(t) = f(t\cos\theta, t\sin\theta) = \begin{cases} t(\cos^3\theta - \sin^3\theta) & (t \neq 0), \\ 0 & (t = 0) \end{cases}$$

に，連鎖律は適用できるか.

【解】

$$g'(0) = \lim_{t\to 0} \frac{t(\cos^3\theta - \sin^3\theta) - 0}{t}$$

であるから，例えば $\theta = \dfrac{\pi}{6}$ のとき，$g'(0) = \dfrac{3\sqrt{3} - 1}{8}$ となる.

一方，

$$f_x(x,y) = \frac{x^4 + 3x^2y^2 + 2xy^3}{(x^2+y^2)^2}, \qquad f_y(x,y) = \frac{-2x^3y - 3x^2y^2 - y^4}{(x^2+y^2)^2}$$

より，

$$\lim_{x\to 0} f_x(x,0) = 1, \quad \lim_{x\to 0} f_x(x,x) = \frac{3}{2},$$
$$\lim_{y\to 0} f_y(0,y) = -1, \quad \lim_{y\to 0} f_y(y,y) = -\frac{3}{2}$$

であるから，$f_x(x,y)$ も $f_y(x,y)$ も点 $(0,0)$ で連続ではない．しかし，ここで，連鎖律が成り立つと仮定して適用してみると，

$$g'(0) = f_x(0,0)\cos\theta + f_y(0,0)\sin\theta = \frac{\sqrt{3} - 1}{2}$$

となり，矛盾である.

矛盾の原因は $f_x(0,0)$，$f_y(0,0)$ が点 $(0,0)$ で連続でないことによる．つまり，(連続の仮定を満たしていないと) 連鎖律は適用できない. □

2.7 平均値の定理

多変数関数の場合の**平均値の定理**をどのように考えたらよいか迷うかもしれない．というのも，2 点間を結ぶ経路が無数にあるからである．そこでまずは，1 変数で考えた点 $(x, f(x))$ と点 $(x+dx, f(x+dx))$ の 2 点間での関係と同様な枠組みで考えてみよう．つまり，2 変数関数では，点 $(x, y, f(x, y))$ と点 $(x+dx, y+dy, f(x+dx, y+dy))$ を結ぶ直線間で考えてみる．このような方向微分の枠組みで考えると，1 変数の平均値の定理[3)]がそのまま使える．

定理 2.6. 点 (a, b) と点 $(a+h, b+k)$ の 2 点とそれを結ぶ線分を含む領域 D で定義された連続関数 f の偏微分 f_x, f_y が存在して，そのいずれかが連続ならば，

$$\begin{aligned} &f(a+h, b+k) - f(a, b) \\ &\qquad = f_x(a+\xi h, b+\xi k)h + f_y(a+\xi h, b+\xi k)k \end{aligned}$$

となるような，a, b, h, k に依存する ξ $(0<\xi<1)$ が存在する．

証明 関数 $F(t)$ を

$$F(t) = f(a+th, b+tk)$$

と定義する．これに 1 変数の場合の平均値の定理を使えば，

$$f(a+h, b+k) - f(a, b) = F(1) - F(0) = F'(\xi) \quad (0<\xi<1)$$

が成り立つ．一方，$z = F(t) = f(a+th, b+tk)$ に連鎖律を使うと，

$$F'(t) = f_x(a+th, b+tk)h + f_y(a+th, b+tk)k$$

となる．$t=\xi$ とすれば定理が成り立つ． ■

注意 2.4. 上記では，1 変数での平均値の定理を 2 変数でも利用できるようにしている．したがって，

$$f(a+h, b+k) - f(a, b) = f_x(a+\xi h, b+\underline{\xi k})h + f_y(a+\xi h, b+\underline{\xi k})k$$

と書くことはできているが，

3) 1 変数の微積分 [3], p.92, 平均値の定理を参照.

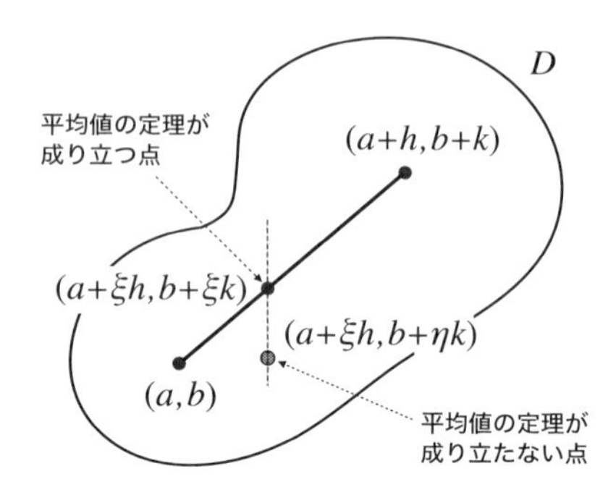

図 2.7　平均値の定理が成立する領域

$$f(a+h,b+k)-f(a,b)=f_x(a+\xi h,b+\underline{\eta k})h+f_y(a+\xi h,b+\underline{\eta k})k$$

とは書いてない．領域 D の中の任意の点で成り立っているわけではなく，図 2.7 に示すように，あくまで，点 (a,b) と点 $(a+h,b+k)$ を結ぶ線分上で成り立っているだけである．

例題 2.7.　関数

$$z=f(x,y)=\begin{cases}\dfrac{xy}{\sqrt{x^2+4y^2}} & ((x,y)\neq(0,0)),\\ 0 & ((x,y)=(0,0))\end{cases}$$

において，2 点 $(-2,-2)$ と $(1,1)$ を結ぶ直線上で平均値の定理は成立しているか確認せよ．

【解】　定理 2.6 において，$a=-2,\ b=-2,\ h=3,\ k=3$ とする．

$$f(1,1)=\frac{1}{\sqrt{5}},\quad f(-2,-2)=\frac{2}{\sqrt{5}}$$

であるから，$f(1,1)-f(-2,-2)=-\dfrac{1}{\sqrt{5}}$．ここで，

$$f_x(x,y)=\frac{4y^3}{(x^2+4y^2)^{3/2}},\quad f_y(x,y)=\frac{x^3}{(x^2+4y^2)^{3/2}},$$

さらに

$$f_x(0,0)=f_y(0,0)=0$$

なので，$f_x(x,y)$，$f_y(x,y)$ は連続ではない．また，

$$f_x(-2+3t,-2+3t)=\begin{cases}\frac{1}{5\sqrt{5}} & (-2+3t>0),\\ 0 & (-2+3t=0),\\ -\frac{1}{5\sqrt{5}} & (-2+3t<0),\end{cases}$$

$$f_y(-2+3t,-2+3t)=\begin{cases}-\frac{1}{5\sqrt{5}} & (-2+3t>0),\\ 0 & (-2+3t=0),\\ \frac{1}{5\sqrt{5}} & (-2+3t<0)\end{cases}$$

となる．これから，

$$f_x(-2+3t,-2+3t)\times 3+f_y(-2+3t,-2+3t)\times 3=0.$$

したがって，

$$\begin{aligned}-\frac{1}{\sqrt{5}}&=f(1,1)-f(-2,-2)\\ &\neq f_x(-2+3t,-2+3t)\times 3+f_y(-2+3t,-2+3t)\times 3\\ &=0\end{aligned}$$

であり，2 点 $(-2,-2)$ と $(1,1)$ を結ぶ直線上で平均値の定理は成立していない．

図 2.8 に，2 点 $(-2,-2)$ と $(1,1)$ を結ぶ直線上での $f(x,y)$ の様子を示す．

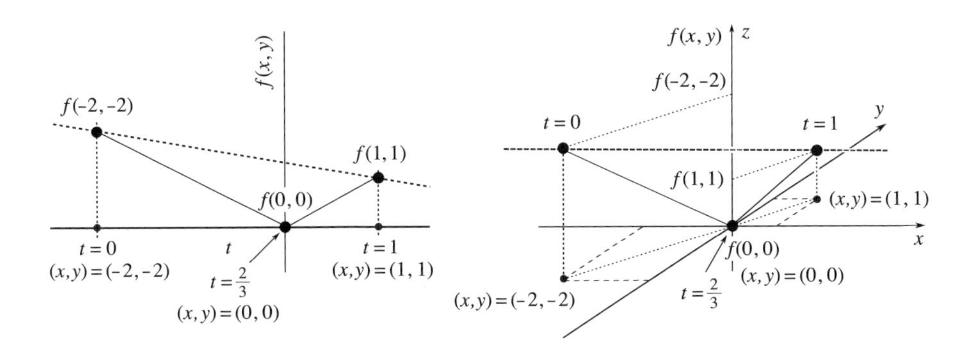

図 2.8　平均値の定理が成り立たない例

図から，$f(-2,-2)$ と $f(1,1)$ を結ぶ直線の傾きは，点 $(-2,-2)$ と点 $(1,1)$ の間のどの 2 点の $f(x,y)$ を結んだ直線の傾きとも一致しないことがわかる． □

2.8 高次偏導関数

2 変数関数 $z=f(x,y)$ の偏導関数 $\dfrac{\partial f}{\partial x}, \dfrac{\partial f}{\partial y}$ をさらに

$$\frac{\partial}{\partial x}\left(\frac{\partial f}{\partial x}\right),\ \ \frac{\partial}{\partial y}\left(\frac{\partial f}{\partial x}\right);\ \ \frac{\partial}{\partial x}\left(\frac{\partial f}{\partial y}\right),\ \ \frac{\partial}{\partial y}\left(\frac{\partial f}{\partial y}\right)$$

のように x と y で偏微分することを考えてみよう．これらが可能ならば，それらを，**2 次偏導関数**または **2 階偏導関数**とよんで，

$$\frac{\partial^2 f}{\partial x^2},\ \frac{\partial^2 f}{\partial y \partial x},\ \frac{\partial^2 f}{\partial x \partial y},\ \frac{\partial^2 f}{\partial y^2},\quad \text{または}\quad f_{xx},\ f_{xy},\ f_{yx},\ f_{yy}$$

のように表す．ここで，$\dfrac{\partial^2 f}{\partial y \partial x}$ と f_{xy} はどちらも同じ $\dfrac{\partial}{\partial y}\left(\dfrac{\partial f}{\partial x}\right)$ であることに注意すること．**n 次** (n 階) **偏導関数** $(n=2,3,\cdots)$ も $n-1$ 次 ($n-1$ 階) 偏導関数を用いることで同様に定義することができる．

これらを**高次偏導関数**という．関数 $z=f(x,y)$ の n 次までのすべての偏導関数が存在して，連続関数になるとき，$f(x,y)$ は **n 回連続微分可能**または **C^n 級**であるという．さらに，すべての自然数 n に対して n 次偏導関数が存在し連続関数であるとき，**無限回連続微分可能**または **C^∞ 級**[4]とよぶ．

関数 $f(x,y)$ が連続微分可能な場合，次の定理が成立する．

定理 2.7. 関数 $z=f(x,y)$ が n 回連続微分可能のとき，n 次までの偏微分の順序は交換できる．つまり，

$$f_{xy}=f_{yx},\quad f_{xxy}=f_{xyx}=f_{yxx},\quad f_{xyy}=f_{yxy}=f_{yyx},\quad \cdots$$

が成り立つ．

証明 まず，$f_{xy}=f_{yx}$ の場合を示す．実数 h, k に対し，

4) C^∞ 級の読み方は，"しーむげんだいきゅう" である．

$$D_{hk} = f(x+h, y+k) - f(x+h, y) - f(x, y+k) + f(x, y)$$

とおく．x, y を固定し，t についての関数 $\phi(t) = f(t, y+k) - f(t, y)$ に (1 変数の) 平均値の定理を用いると，

$$D_{hk} = \phi(x+h) - \phi(x) = h\,\frac{d\phi}{dt}(x+\theta h) \quad (0 < \theta < 1)$$

となる．ここでさらに，$x+\theta h$ を固定して，y の関数 $f_x(x+\theta h, y)$ にも平均値の定理を用いると，

$$\begin{aligned}\frac{d\phi}{dt}(x+\theta h) &= f_x(x+\theta h, y+k) - f_x(x+\theta h, y) \\ &= k\,(f_x)_y(x+\theta h, y+\gamma k) \quad (0 < \gamma < 1)\end{aligned}$$

となる．まとめると

$$D_{hk} = hkf_{xy}(x+\theta h, y+\gamma k) \quad (0 < \theta < 1,\ 0 < \gamma < 1)$$

となる．また，$\psi(t) = f(x+h, t) - f(x, t)$ とおくと，同様の手順で，

$$D_{hk} = hkf_{yx}(x+\theta' h, y+\gamma' k) \quad (0 < \theta' < 1,\ 0 < \gamma' < 1)$$

となる．このとき，$(h, k) \to (0, 0)$ とすると，

$$(x+\theta h, y+\gamma k) \to (x, y), \quad (x+\theta' h, y+\gamma' k) \to (x, y)$$

である．ここで f_{xy} と f_{yx} は連続なので，

$$\lim_{(h,k)\to(0,0)} \frac{D_{hk}}{hk} = \lim_{(h,k)\to(0,0)} f_{xy}(x+\theta h, y+\gamma k) = f_{xy}(x, y),$$

$$\lim_{(h,k)\to(0,0)} \frac{D_{hk}}{hk} = \lim_{(h,k)\to(0,0)} f_{yx}(x+\theta' h, y+\gamma' k) = f_{yx}(x, y)$$

となる．よって $f_{xy}(x, y) = f_{yx}(x, y)$ が成り立つ．

3 次偏導関数のときも，上と同様な方法を繰り返し適用すれば定理が得られる．■

さて次に，x, y が，$x = x(u, v)$, $y = y(u, v)$ のように u, v で表されるとき，$f(x, y) = f(x(u, v), y(u, v))$ の u, v で表された 2 次の偏導関数を求めよう．

まず，1 次偏導関数は，

$$f_u = f_x x_u + f_y y_u, \tag{2.18}$$

$$f_v = f_x x_v + f_y y_v. \tag{2.19}$$

これを用いて，2次偏導関数は，

$$\begin{aligned} f_{uu} &= \{(f_x)_x x_u + (f_x)_y y_u\} x_u + f_x x_{uu} + \{(f_y)_x x_u + (f_y)_y y_u\} y_u + f_y y_{uu} \\ &= f_{xx}(x_u)^2 + 2 f_{xy} x_u y_u + f_{yy}(y_u)^2 + f_x x_{uu} + f_y y_{uu}, \end{aligned} \tag{2.20}$$

$$\begin{aligned} f_{uv} &= \{(f_x)_x x_v + (f_x)_y y_v\} x_u + f_x x_{uv} + \{(f_y)_x x_v + (f_y)_y y_v\} y_u + f_y y_{uv} \\ &= f_{xx} x_u x_v + f_{xy}(x_u y_v + x_v y_u) + f_{yy} y_u y_v + f_x x_{uv} + f_y y_{uv}, \end{aligned} \tag{2.21}$$

$$\begin{aligned} f_{vv} &= \{(f_x)_x x_v + (f_x)_y y_v\} x_v + f_x x_{vv} + \{(f_y)_x x_v + (f_y)_y y_v\} y_v + f_y y_{vv} \\ &= f_{xx}(x_v)^2 + 2 f_{xy} x_v y_v + f_{yy}(y_v)^2 + f_x x_{vv} + f_y y_{vv} \end{aligned} \tag{2.22}$$

になる．

例題 2.8. 点 (x, y) が，

$$x = r\cos\theta,$$
$$y = r\sin\theta$$

のように，$x = x(r, \theta)$，$y = y(r, \theta)$ で表されるとき，$f(x, y)$ の r, θ による偏導関数

$$\frac{\partial f}{\partial r}, \quad \frac{\partial f}{\partial \theta}, \quad \frac{\partial^2 f}{\partial r^2}, \quad \frac{\partial^2 f}{\partial r \partial \theta}, \quad \frac{\partial^2 f}{\partial \theta^2}$$

を求めよ．また，

$$\frac{\partial^2 f}{\partial r^2} + \frac{1}{r}\frac{\partial f}{\partial r} + \frac{1}{r^2}\frac{\partial^2 f}{\partial \theta^2}$$

は，x, y による2次の偏導関数

$$\frac{\partial^2 f}{\partial x^2} + \frac{\partial^2 f}{\partial y^2}$$

と等しくなることを示せ．なお，“上式 $= 0$” とおいた式を**ラプラスの方程式**といい，物理学などで広く応用されている．

【解】 $$\frac{\partial f}{\partial r} = \frac{\partial f}{\partial x}\cos\theta + \frac{\partial f}{\partial y}\sin\theta,$$

$$\frac{\partial f}{\partial \theta} = \frac{\partial f}{\partial x}(-r\sin\theta) + \frac{\partial f}{\partial y}(r\cos\theta),$$

$$\frac{\partial^2 f}{\partial r^2} = \frac{\partial^2 f}{\partial x^2}\cos^2\theta + 2\frac{\partial^2 f}{\partial x \partial y}\cos\theta\sin\theta + \frac{\partial^2 f}{\partial y^2}\sin^2\theta,$$

$$\begin{aligned}\frac{\partial^2 f}{\partial r \partial \theta} = {} & \frac{\partial^2 f}{\partial x^2}(\cos\theta)(-r\sin\theta) \\ & + \frac{\partial^2 f}{\partial x \partial y}((\cos\theta)(r\cos\theta) + (-r\sin\theta)(\sin\theta)) \\ & + \frac{\partial^2 f}{\partial y^2}(\sin\theta)(-r\cos\theta) \\ & + \frac{\partial f}{\partial x}(-\sin\theta) + \frac{\partial f}{\partial y}(\cos\theta),\end{aligned}$$

$$\begin{aligned}\frac{\partial^2 f}{\partial \theta^2} = {} & \frac{\partial^2 f}{\partial x^2}(-r\sin\theta)^2 + 2\frac{\partial^2 f}{\partial x \partial y}(-r\sin\theta)(r\cos\theta) + \frac{\partial^2 f}{\partial y^2}(r\cos\theta)^2 \\ & + \frac{\partial f}{\partial x}(-r\cos\theta) + \frac{\partial f}{\partial y}(-r\sin\theta).\end{aligned}$$

したがって，

$$\frac{\partial^2 f}{\partial r^2} + \frac{1}{r}\frac{\partial f}{\partial r} + \frac{1}{r^2}\frac{\partial^2 f}{\partial \theta^2} = \frac{\partial^2 f}{\partial x^2} + \frac{\partial^2 f}{\partial y^2}.$$

このことは，xy 変数で表されたラプラスの方程式が，$r\theta$ 変数で表されたラプラスの方程式と同じになることを示している． □

2.9 テイラー展開

1 変数関数のときの剰余項付きの**テイラーの定理**[5)]は，開区間 I で定義された連続関数 $f(x)$ が，連続な微分 $f'(x), f''(x), \cdots, f^{(n)}(x)$ をもち，さらに $f^{(n+1)}(x)$ が存在すれば，

$$f(x) = \sum_{k=0}^{n} \frac{f^{(k)}(a)}{k!}(x-a)^k + \frac{f^{(n+1)}(\xi)}{(n+1)!}(x-a)^k \tag{2.23}$$

と表されるというものであった．ここで $I = (a, x)$ あるいは $I = (x, a)$ で，また ξ は，$a < \xi < x$ あるいは $x < \xi < a$ を満たす数である．

2 変数関数のときにも，上記で平均値の定理を用いた方法と同様な方法を

5) 1 変数の微積分 [3], p.117, (2.18) 式.

$f_x(x,y), f_y(x,y)$ などに適用していけば，剰余項付きのテイラーの公式が得られる．

定理 2.8 (2 変数関数のテイラーの公式). 点 (a,b) と点 $(a+h, b+k)$ の 2 点とそれを結ぶ線分を含む領域 D で定義された連続関数 f の偏微分 $\dfrac{\partial^n f}{\partial x^{n-k}\partial y^k}$ $(k=0,\cdots,n)$ が存在して連続ならば，

$$f(x,y) = \sum_{k=0}^{n} \frac{1}{(n-k)!k!} \frac{\partial^n f(a,b)}{\partial x^{n-k}\partial y^k}(x-a)^{n-k}(y-b)^k + R_{n+1}(x_\theta, y_\theta)$$

が成り立つ．ただし，

$$R_{n+1}(x_\theta, y_\theta) = \sum_{k=0}^{n+1} \frac{1}{(n+1-k)!k!} \frac{\partial^{n+1} f(x_\theta, y_\theta)}{\partial x^{n+1-k}\partial y^k}(x-a)^{n+1-k}(y-b)^k$$

である．ここに，

$$x_\theta = a + \theta(x-a), \quad y_\theta = b + \theta(y-b) \quad (0 < \theta < 1)$$

である．この R_{n+1} を**剰余項**という．

証明 $$\xi = \frac{x-a}{\sqrt{(x-a)^2+(y-b)^2}}, \quad \eta = \frac{y-b}{\sqrt{(x-a)^2+(y-b)^2}}$$

とする．1 変数 t の関数 $\phi(t)$ を

$$\phi(t) = f(a+\xi t, b+\eta t)$$

と定義し，$\phi(t)$ を $t=0$ で剰余項付き**テイラー展開**すると，

$$\phi(t) = \phi(0) + \phi'(0) + \phi''(0)\frac{t^2}{2!} + \cdots + \phi^{(n)}(0)\frac{t^n}{n!} + r_{n+1}(t)$$

が得られる．ここに，r_{n+1} は剰余項である．連鎖律を使って，係数 $\phi(0)$, $\phi'(0), \phi''(0), \cdots$ を計算すると，

$$\begin{aligned}
\phi'(t) &= f_x(a+\xi t, b+\eta t)\xi + f_y(a+\xi t, b+\eta t)\eta, \\
\phi''(t) &= f_{xx}(a+\xi t, b+\eta t)\xi^2 + 2f_{xy}(a+\xi t, b+\eta t)\xi\eta \\
&\quad + f_{yy}(a+\xi t, b+\eta t)\eta^2, \\
&\cdots
\end{aligned}$$

と続けていけば，

$$\phi^{(k)}(t) = \sum_{i=0}^{k} \binom{k}{i} \frac{\partial^k f(a+\xi t, b+\eta t)}{\partial x^{k-i} \partial y^i} \xi^{k-i} \eta^i$$

が得られるので，

$$\phi^{(k)}(0) = \sum_{i=0}^{k} \binom{k}{i} \frac{\partial^k f(a,b)}{\partial x^{k-i} \partial y^i} \xi^{k-i} \eta^i$$

となる．ここで，$\binom{k}{i}$ は二項係数であり，k 個の中から i を選ぶ組合せの数を表す．

剰余項 $r_{n+1}(t)$ は

$$r_{n+1}(t) = \frac{\phi^{(n+1)}(\theta t)}{(n+1)!} t^{n+1} \quad (0 < \theta t < t)$$

で与えられるので，

$$r_{n+1}(t) = \sum_{k=0}^{n+1} \frac{1}{(n+1-k)!k!} \frac{\partial^{n+1} f(a+\xi\theta t, b+\eta\theta t)}{\partial x^{n+1-k} \partial y^k} \xi^{n+1-k} \eta^k t^{n+1}$$

となる．ここで

$$t = \sqrt{(x-a)^2 + (y-b)^2}$$

とすれば，$f(x,y) = \phi(t)$ となって，

$$f(x,y) = \sum_{k=0}^{n} \frac{1}{(n-k)!k!} \frac{\partial^n f(a,b)}{\partial x^{n-k} \partial y^k} (x-a)^{n-k} (y-b)^k + R_{n+1}(x,y)$$

となる．ただし，$R_{n+1}(x,y)$ は，

$$R_{n+1}(x,y) = \sum_{k=0}^{n+1} \frac{1}{(n+1-k)!k!} \frac{\partial^{n+1} f(x_\theta, y_\theta)}{\partial x^{n+1-k} \partial y^k} (x-a)^{n+1-k} (y-b)^k.$$

ここに，

$$x_\theta = a + \theta(x-a), \quad y_\theta = b + \theta(y-b) \quad (0 < \theta < 1)$$

である． ■

ここで，

$$P(x,y) := \sum_{k=0}^{n} \frac{1}{(n-k)!k!} \frac{\partial^n f(a,b)}{\partial x^{n-k} \partial y^k} (x-a)^{n-k} (y-b)^k$$

とおくと，これは多項式であり，$f(x,y)$ を点 (a,b) の近傍で**多項式近似**したものになっている．これを**テイラーの近似多項式**とよぶ．

また，$(a,b)=(0,0)$ のときの特別な場合を**マクローリン展開** (マクローリン近似多項式) とよぶ.

例題 2.9. **(1)** 2 変数関数 $f(x,y)=\dfrac{1}{2+x^2+y^2}$ に対して，$f(x,y)$ の 2 次のマクローリン近似多項式 $P(x,y)$ を求めよ.

(2) 2 変数関数 $f(x,y)=\exp\{-(x^2+y^2)\}$ に対して，$f(x,y)$ の 2 次のマクローリン近似多項式 $P(x,y)$ を求めよ.

【解】 **(1)** $f_x=\dfrac{-2x}{(2+x^2+y^2)^2}$, $f_y=\dfrac{-2y}{(2+x^2+y^2)^2}$,

$$f_{xx}=\frac{-2+6x^2-2y^2}{(2+x^2+y^2)^3},\ f_{xy}=\frac{8xy}{(2+x^2+y^2)^3},\ f_{yy}=\frac{-2-2x^2+6y^2}{(2+x^2+y^2)^3}$$

なので，

$$f(0,0)=\frac{1}{2},\quad f_x(0,0)=0,\quad f_y(0,0)=0,$$

$$f_{xx}(0,0)=-\frac{1}{4},\quad f_{xy}(0,0)=0,\quad f_{yy}(0,0)=-\frac{1}{4}$$

となる．したがって，

$$P(x,y)=\frac{1}{2}-\frac{1}{8}x^2-\frac{1}{8}y^2$$

となる (図 2.9).

(2) $f_x=-2x\exp\{-(x^2+y^2)\}$, $\quad f_y=-2y\exp\{-(x^2+y^2)\}$,

$f_{xx}=(4x^2-2)\exp\{-(x^2+y^2)\}$, $\quad f_{xy}=4xy\exp\{-(x^2+y^2)\}$,

$f_{yy}=(4y^2-2)\exp\{-(x^2+y^2)\}$

なので，

$$f(0,0)=1,\quad f_x(0,0)=0,\quad f_y(0,0)=0,$$

$$f_{xx}(0,0)=-2,\quad f_{xy}(0,0)=0,\quad f_{yy}(0,0)=-2$$

となる．したがって，

$$P(x,y)=1-x^2-y^2$$

となる. □

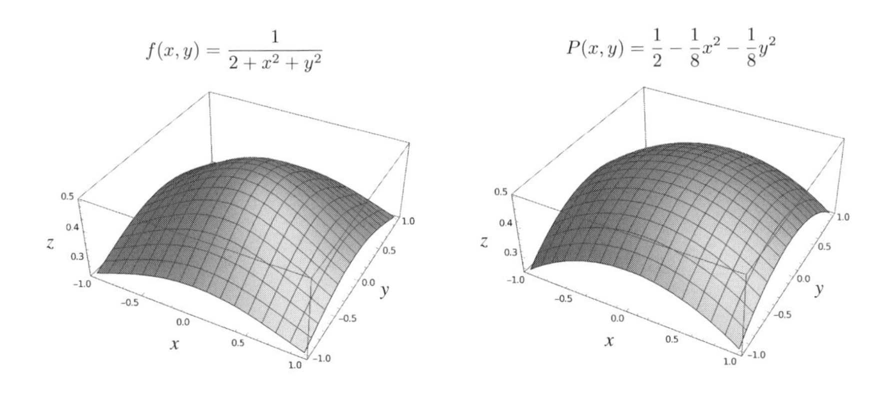

図 2.9 2 変数関数 $f(x,y)$ とその近似多項式 $P(x,y)$

なお，すべての $k,l \geq 0$ に対して $f(x,y)$ の偏微分 $\dfrac{\partial^{k+l}f}{\partial x^k \partial y^l}$ が存在して連続ならば，剰余項 $R(x,y)$ は $|R(x,y)| \to 0\ (n \to \infty)$ となるので，剰余項付きテイラーの公式は，

$$f(x,y) = \sum_{k+l=0}^{\infty} \frac{1}{k!l!} \frac{\partial^{k+l} f(a,b)}{\partial x^k \partial y^l}(x-a)^k(y-b)^l \qquad (2.24)$$

のような**テイラー展開**となる．$(x,y)=(0,0)$ のときはマクローリン展開となる．

例題 2.10. 2 変数関数 $f(x,y)=\exp\{-(x^2+y^2)\}$ に対して，$f(x,y)$ の点 $(0,0)$ におけるマクローリン展開を求めよ．

【解】
$$f(x,y)=\exp\{-(x^2+y^2)\}=\exp(-x^2)\exp(-y^2)$$

であるから，$\exp(-x^2)$，$\exp(-y^2)$ がテイラー展開できるとき，これらのそれぞれの展開項

$$\exp(-x^2)=\sum_{i=0}^{\infty}\frac{(-x^2)^i}{i!}, \quad \exp(-y^2)=\sum_{j=0}^{\infty}\frac{(-y^2)^j}{j!} \qquad (2.25)$$

をかけることで，

$$
\begin{aligned}
f(x,y) &= \exp\{-(x^2+y^2)\} \\
&= 1-(x^2+y^2)+\frac{1}{2}(x^4+2x^2y^2+y^4) \\
&\qquad -\frac{1}{6}(x^6+3x^4y^2+3x^2y^4+y^6) \\
&\qquad +\frac{1}{24}(x^8+4x^6y^2+6x^4y^4+4x^2y^6+y^8) \\
&\qquad -\cdots
\end{aligned} \tag{2.26}
$$

と求められる．ここで，(x^2+y^2) を 1 つの変数とみなせば，

$$
\begin{aligned}
f(x,y) &= 1-(x^2+y^2)+\frac{1}{2}(x^2+y^2)^2-\frac{1}{6}(x^2+y^2)^3 \\
&\qquad +\frac{1}{24}(x^2+y^2)^4-\cdots
\end{aligned} \tag{2.27}
$$

となる．

【別解】　この問題の場合，

$$
f(x,y)=\exp\{-(x^2+y^2)\}=\exp(-x^2)\exp(-y^2)=g(x)h(y)
$$

と書けるので，

$$
\frac{\partial^{k+l}f(x,y)}{\partial x^k\partial y^l}=\frac{\partial^k g(x)}{\partial x^k}\frac{\partial^l h(y)}{\partial y^l}
$$

となる．また，任意の奇数の k,l について

$$
\left.\frac{\partial^k g(x)}{\partial x^k}\right|_{x=0}=\left.\frac{\partial^l h(y)}{\partial y^l}\right|_{y=0}=0
$$

となり，(2.24) 式では，偶数の k,l の項のみが残って，

$$
f(x,y)=\sum_{k+l=0}^{\infty}\frac{1}{k!l!}\left.\frac{\partial^{k+l}f(x,y)}{\partial x^k\partial y^l}\right|_{(0,0)}x^k y^l \tag{2.28}
$$

となり，(2.26) 式と同じ式が得られる．　□

2.10 極値判定

極値を求める問題は，工学に限らずあらゆる場面で利用価値の高い数学の応用分野である．高等学校で学んだ 1 変数関数の場合の極値の取り扱いは理解しやすかった．1 変数関数の微分が視覚的にとらえやすかったからである．しかし，多変数関数の微分になると急に複雑に感じはじめる．2 変数までは視覚的にとらえられても，3 変数以上になるともう感覚的にとらえることができなくなるからである．極値問題を取り扱うときにも同様で，2 変数までは詳しく説明されていても 3 変数以上になると省略されていることも多い．しかし，実用面から考えると 3 変数以上の極値を求める応用分野はとても広い．例えば統計学では，最近，パラメータ数が多い問題を取り扱う場面が増えてきている．3 変数以上の多変数関数の極値問題は，いま重要なテーマなのである．

ここでは主に，3 変数以上の極値問題をできるだけわかりやすく概観してみたい．微分積分学の知識だけでは 2 変数の極値問題に限られてしまうので，線形代数の知識も用いながら 3 変数以上に汎用性を広げていく．線形代数の，**デターミナント**[6](行列式)，固有値，固有ベクトル，直交変換，2 次形式，正値 (負値) などの概念を用いることになるが，逆に解析と線形代数のつながりがみえてくる重要な場面にもなっている．

● 1 変数関数の場合の復習

なめらかな関数 (通常，2 回連続微分可能) $f(x)$ が点 a で**極小値** (あるいは**極大値**) をとるとは，a の近く (近傍) で $f(x)$ が

$$f(x) \geq f(a) \quad (\text{あるいは } f(x) \leq f(a)) \tag{2.29}$$

となっているときをいう[7]．ここで等号を含まない

$$f(x) > f(a) \quad (\text{あるいは } f(x) < f(a)) \tag{2.30}$$

の場合は**狭義の極小値** (あるいは**極大値**) とよび，両者をあわせて**狭義の極値**とよぶが，狭義の極値を単に極値とよぶこともある．

1 変数関数の極値判定の必要条件は，“ $f'(a) = 0$ ” であった[8]．このときの

6) 本書では “行列式” のことを “デターミナント” とよんでいる．
7) 1 変数の微積分 [3], p.86, 定義 2.4.
8) 1 変数の微積分 [3], p.87, 定理 2.5.

点 a を**停留点** (stationary point) とよぶ．**極値**を判定するためには，さらに，微分して，

$$f'(a)=0,\ f''(a)>0 \text{ ならば } f(x) \text{ は点 } a \text{ で極小値をとる,}$$
$$f'(a)=0,\ f''(a)<0 \text{ ならば } f(x) \text{ は点 } a \text{ で極大値をとる,}$$

というように判定した．

これは，$f(x)$ の点 a におけるテイラー展開を行うと，

$$f(x)=f(a)+f'(a)(x-a)+\frac{1}{2!}f''(a)(x-a)^2+\cdots$$
$$+\frac{1}{n!}f^{(n)}(a)(x-a)^n+\cdots$$

となるが，x が a のすぐ近く ($\varepsilon>0$ の小さいときの ε 近傍) にあれば 2 次の項までの近似ができ，3 次の項以降は無視できる．つまり，

$$f(x)\approx f(a)+f'(a)(x-a)+\frac{1}{2!}f''(a)(x-a)^2$$

と書けるからであった．

いま，$f'(a)=0$ とすると，1 次の項はなくなり 2 次の項だけになる．つまり，$f(x)$ は 2 次関数で近似されることになって，

$$f(x)\approx f(a)+\frac{1}{2!}f''(a)(x-a)^2$$

となる．近似でなく正確に等号を成立させるためには，テイラーの近似多項式を用いて，

$$f(x)=f(a)+\frac{1}{2!}f''(a+\theta(x-a))(x-a)^2$$

を得る．ここで，$0<\theta<1$ である．

2 次関数では，

$$x^2 \text{の係数が正 } (f''(a)>0) \text{ であれば } f(x) \text{ は } x=a \text{ で極小,}$$
$$x^2 \text{の係数が負 } (f''(a)<0) \text{ であれば } f(x) \text{ は } x=a \text{ で極大}$$

となるので，1 変数の関数 $f(x)$ の場合，$f'(a)=0$ の条件の下で $f''(a)$ の符号を調べれば極値の判定ができる．$f''(a)$ の符号は，点 a の近傍では $f''(a+\theta(x-a))$ の符号と同じだからである．

● 2 変数関数の場合

ところが 2 変数 (変数を x, y として関数を $z = f(x, y)$ としよう) になると，接平面が偏微分によって得られる 2 つのベクトルから定められることを知れば，極値の必要条件が

$$f_x(a, b) = 0,\ f_y(a, b) = 0$$

になることはすぐに想像がつくが，極値の判定条件は少し複雑になってくる．なお，2 変数でも，$f_x(a, b) = 0,\ f_y(a, b) = 0$ となる点 (a, b) を**停留点**とよぶ．

図 2.10 に，$f_x(a, b) = 0,\ f_y(a, b) = 0$ が同時に成り立つ停留点の一例を示す．

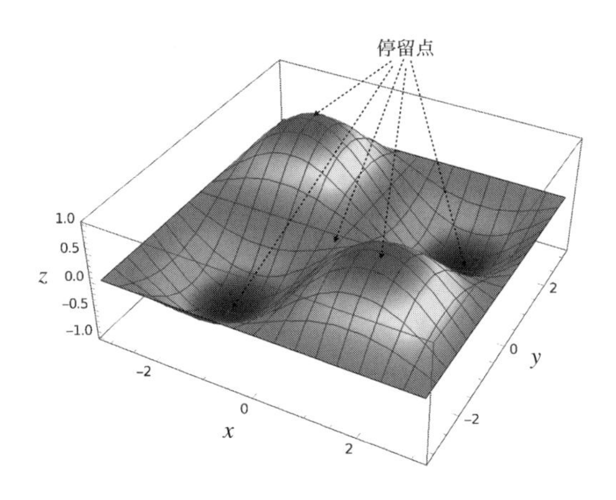

図 2.10　停留点の一例

実際には，次の定理が示される．

定理 2.9. 2 回連続微分可能な関数 $z = f(x, y)$ が $f_x(a, b) = 0,\ f_y(a, b) = 0$ を満たすとき，

$$D = f_{xx}(a, b)f_{yy}(a, b) - (f_{xy}(a, b))^2 \tag{2.31}$$

とする．このとき，

(1) $D > 0$ のとき，$f_{xx}(a, b) > 0$ ならば $f(a, b)$ は極小値に，
$f_{xx}(a, b) < 0$ ならば $f(a, b)$ は極大値になる．

(2) $D<0$ のとき，極値をとらない．

(3) $D=0$ のときは極値をとるかどうかわからない．

ここに D はマトリクス

$$\begin{pmatrix} f_{xx}(a,b) & f_{xy}(a,b) \\ f_{yx}(a,b) & f_{yy}(a,b) \end{pmatrix} \tag{2.32}$$

のデターミナント (determinant, 行列式) である．

しかし，なぜこうなるかは 1 変数のときのように容易には想像がつかないだろう．なぜ，ここでデターミナントがでてくるのだろうか．証明をみてみよう．

証明　2 変数でのテイラー展開は，

$$f(x,y)=f(a,b)+f_x(a,b)(x-a)+f_y(a,b)(x-b)+\frac{1}{2!}f_{xx}(a,b)(x-a)^2 + f_{xy}(a,b)(x-a)(y-b)+\frac{1}{2!}f_{yy}(a,b)(y-b)^2+\cdots$$

となる．

$f_x(a,b)=0$, $f_y(a,b)=0$ なので，1 次の項は消えて，

$$f(x,y)=f(a,b)+\frac{1}{2!}f_{xx}(a,b)(x-a)^2 + f_{xy}(a,b)(x-a)(y-b)+\frac{1}{2!}f_{yy}(a,b)(y-b)^2+\cdots$$

となる．2 次の項までで打ち切れば，

$$\begin{aligned} f(x,y)=f(a,b)&+\frac{1}{2!}f_{xx}\big(a+\theta(x-a),b+\phi(y-b)\big)(x-a)^2 \\ &+f_{xy}\big(a+\theta(x-a),b+\phi(y-b)\big)(x-a)(y-b) \\ &+\frac{1}{2!}f_{yy}\big(a+\theta(x-a),b+\phi(y-b)\big)(y-b)^2 \end{aligned}$$

である．ここに，$0<\theta,\ \phi<1$ である．

点 (a,b) の近傍では，$f(x,y)-f(a,b)$ の符号は

$$\frac{1}{2!}f_{xx}(a,b)(x-a)^2+f_{xy}(a,b)(x-a)(y-b)+\frac{1}{2!}f_{yy}(a,b)(y-b)^2$$

の符号と同じなので，これについて調べる．

簡単のために，$f_{xx}(a,b)=A$，$f_{xy}(a,b)=B$，$f_{yy}(a,b)=C$ とおこう．$f(x,y)-f(a,b)=\Delta f$，$x-a=h$，$y-b=k$ とするとき，

$$\Delta f=\frac{1}{2}(Ah^2+2Bhk+Ck^2)$$

の符号を調べればよいことになる．このとき，$\Delta f>0$ ならば極小値，$\Delta f<0$ ならば極大値である．

ここで，$D=AC-B^2$ とおく．すると，

(i) $D>0$ ならば，$AC-B^2>0$，つまり $AC>B^2\geq 0$ ということで，$A\neq 0$ である．上の Δf に $2A$ をかけると，

$$A(Ah^2+2Bhk+Ck^2)=(Ah+Bk)^2+Dk^2$$

となって，$(h,k)\neq(0,0)$ なのでこれは正になる．したがって，$A>0$ ならば，関数 $f(x,y)$ は点 (a,b) で極小になることを示している．また，$A<0$ ならば，関数 $f(x,y)$ は点 (a,b) で極大になる．

(ii) $D<0$ で，$A>0$ の場合，$k=0$ とすると $\Delta f=\dfrac{1}{2}Ah^2>0$ になる．一方，$h=-\dfrac{B}{A}k$ $(k\neq 0)$ とすると $\Delta f=\dfrac{1}{2A}Dk^2<0$ となる．このように，ベクトル (h,k) の方向により Δf の符号が変わるので極値をとらない．$A\leq 0$ の場合も同様にして証明できる．

(iii) $D=0$ のときには，この定理では判定できないので他の方法が必要である． ■

この証明は，$A(Ah^2+2Bhk+Ck^2)=(Ah+Bk)^2+Dk^2$ のような変形法を使うなど，じつによく考えられた巧妙な方法にみえる．Δf を平方関係に導き，そこで $D>0$ ならば $\Delta f>0$ と結論づけて極値判定している．しかし，これは 2 変数の場合に限ってのことで，3 変数以上への展開がみえない．ただ，判定条件のところの

$$D=f_{xx}(a,b)f_{yy}(a,b)-(f_{xy}(a,b))^2$$

は，線形代数で見覚えのあるマトリクス

$$\begin{pmatrix} f_{xx}(a,b) & f_{xy}(a,b) \\ f_{yx}(a,b) & f_{yy}(a,b) \end{pmatrix}$$

のデターミナント (行列式) になっていることがわかる．

ここから 3 変数にも展開できる糸口はないのだろうか．次の「3 変数以上の場合」のところで示すように，じつは可能である．

例題 2.11. $a>0$ とする．このとき，関数

$$f(x,y) = x^3 - 3axy + y^3$$

に関して次に答えよ．

(1) 極値をとる候補点を求めよ．

(2) その点でのマトリクス

$$J = \begin{pmatrix} f_{xx} & f_{xy} \\ f_{yx} & f_{yy} \end{pmatrix},$$

および，マトリクスのデターミナント $D = f_{xx}f_{yy} - (f_{xy})^2$ を求め，極値をとる候補の点での $f(x,y)$ の極値は，極大値であるか極小値であるかをすべて判定せよ．

【解】 **(1)** 極値をとる必要条件を満たす点を求める．

$$f_x(x,y) = 3x^2 - 3ay = 0,$$

$$f_y(x,y) = 3y^2 - 3ax = 0$$

より，極値をとりうる点 (x,y) は $(0,0)$, (a,a) のみである．

(2) $J = \begin{pmatrix} 6x & -3a \\ -3a & 6y \end{pmatrix}$ である．点 (a,a) で $f_{xx} = 6a > 0$ である．また，

$$f_{xx} = 6a, \quad f_{xy} = -3a, \quad f_{yy} = 6a$$

なので，

$$J = \begin{pmatrix} 6a & -3a \\ -3a & 6a \end{pmatrix},$$

$$D = f_{xx}(a,a)f_{yy}(a,a) - (f_{xy}(a,a))^2 = 36a^2 - (-3a)^2 = 27a^2 > 0$$

であるから，f は点 (a,a) で極小値をとり，極小値は $f(a,a) = -a^3$ である．

一方，$(x,y) = (0,0)$ のとき，$f_{xx} = 0$,

$$J = \begin{pmatrix} 0 & -3a \\ -3a & 0 \end{pmatrix},$$

$$D = f_{xx}(0,0)f_{yy}(0,0) - (f_{xy}(0,0))^2 = -9a^2 < 0.$$

したがって，f は点 $(0,0)$ では極値をもたない．ここで，$x > 0$ ならば，$f_{xx} = 6x > 0 = f(0,0)$，$x < 0$ ならば，$f_{xx} = 6x < 0 = f(0,0)$ となっている．

図 2.11 に，$f(x,y) = x^3 - 3xy + y^3$ の 3 次元グラフとその等高線図を示す．

□

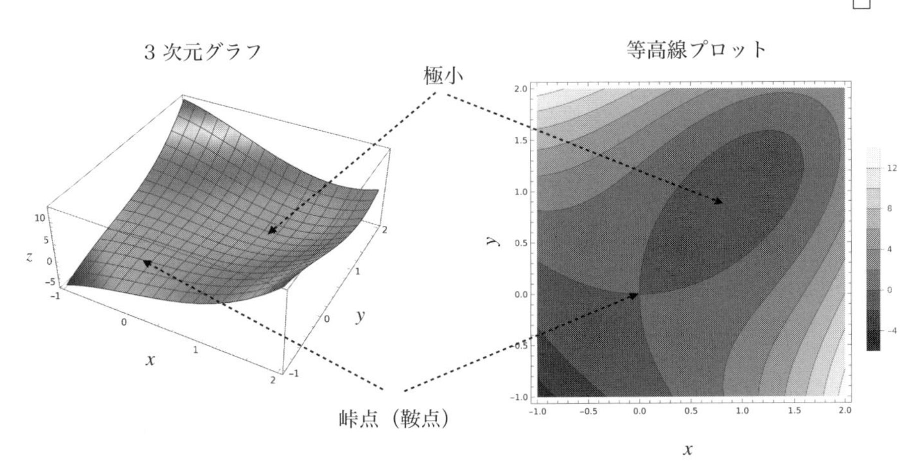

図 2.11　$f(x,y) = x^3 - 3xy + y^3$ の 3 次元グラフと等高線図

例題 2.12. 関数

$$f(x,y) = \exp\{-(5(x-1)^2 + 8(x-1)(y-2) + 5(y-2)^2)\}$$

が極値をとる点 (x,y) を求めよ．また，それは極小値か極大値か．

【解】 $f_x(x,y) = f_y(x,y) = 0$ から，$10x + 8y = 26$，$8x + 10y = 28$ が導ける．これを解いて，$x = 1$，$y = 2$，すなわち点 $(1,2)$ が極値をとる点の候補

となる．

$$f_{xx}(x,y)=[-10+\{-10(x-1)-8(y-2)\}^2]f(x,y),$$
$$f_{xy}(x,y)=[-8+\{-10(x-1)-8(y-2)\}$$
$$\times\{-8(x-1)-10(y-2)\}]f(x,y),$$
$$f_{yy}(x,y)=[-10+\{-8(x-1)-10(y-2)\}^2]f(x,y)$$

が得られるので，極値判定条件に使う D ((2.31) 式) を計算してみよう．

$$D=f_{xx}(1,2)f_{yy}(1,2)-(f_{xy}(1,2))^2$$
$$=(-10)\times(-10)-(-8)^2=100-64=36>0$$

となるので，f は点 $(1,2)$ で極大値か極小値をとる．このとき，$f_{xx}>0$ ならば f は極小に，$f_{xx}<0$ ならば f は極大になるが，ここでは $f_{xx}(1,2)=-10<0$ なので，f は点 $(1,2)$ で極大値をとる． □

誤答例

極値の判定条件に使う式

$$D=f_{xy}^2-4f_{xx}f_{yy}$$

の D に $x=1$, $y=2$ を代入すると，

$$D=f_{xy}^2-4f_{xx}f_{yy}$$
$$=(-8)^2-4\times(-10)\times(-10)=64-400<0$$

が得られるので，f は $(x,y)=(1,2)$ で極値をとらない．

これは誤答である．デターミナントの D に使う $Ah^2+2Bhk+Ck^2$ の式を，2 次方程式 $Ax^2+Bx+C=0$ が実数解をもつための判別式 D と混同してしまっている．さらに，$Ax^2+2Bx+C=0$ のときの判別式とも異なっている．

公式を導くプロセスを理解しないまま公式だけ暗記して計算すると，まったく異なった解を得てしまうことにもなる． □

なお，図 2.12 に $f(x,y)=\exp\{-(5(x-1)^2+8(x-1)(y-2)+5(y-2)^2)\}$ の図を示す．

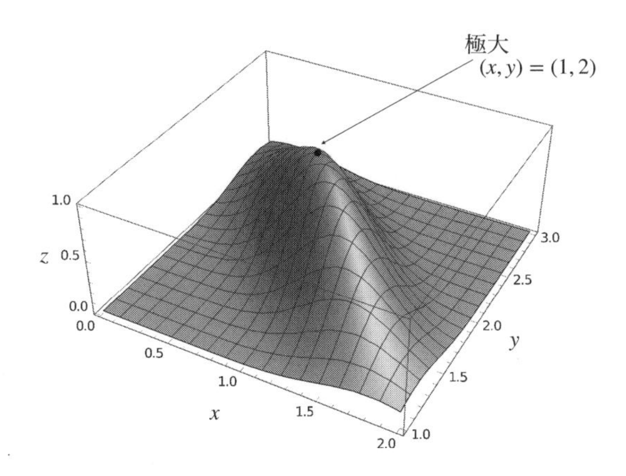

図 2.12 $f(x,y)=\exp\{-(5(x-1)^2+8(x-1)(y-2)+5(y-2)^2)\}$ のグラフ

3 変数以上の関数の場合

基本的にはテイラー展開を使うことは 2 変数のときと同じである．m 変数のときのテイラー展開は，

$$f(x_1,x_2,\cdots,x_m)=f(a_1,a_2,\cdots,a_m)$$
$$+\frac{1}{2!}\sum_{i=1}^{m}\sum_{j=1}^{m}f_{x_ix_j}(a_1,a_2,\cdots,a_m)(x_i-a_i)(x_j-a_j)+\cdots$$

となる．ここで，

$$\boldsymbol{x}=(x_1,x_2,\cdots,x_m),\quad \boldsymbol{a}=(a_1,a_2,\cdots,a_m),\quad \boldsymbol{h}=(h_1,h_2,\cdots,h_m),$$

$x_i-a_i=h_i$ として，

$$f(\boldsymbol{x})=f(\boldsymbol{a})+\frac{1}{2!}\sum_{i=1}^{m}\sum_{j=1}^{m}f_{x_ix_j}(\boldsymbol{a})h_ih_j+\cdots$$

のように簡略化する．$a_i+\theta_i(x_i-a_i)=a_i+\theta_ih_i$ を使えば，

$$f(\boldsymbol{x})=f(\boldsymbol{a})+\frac{1}{2!}\sum_{i=1}^{m}\sum_{j=1}^{m}f_{x_ix_j}(\boldsymbol{a}+\boldsymbol{\theta}\cdot\boldsymbol{h})h_ih_j$$

と書ける．ここで，$0<\theta_i<1$ である．これまでと同様，$\boldsymbol{a}$ の近傍では，$f_{x_ix_j}(\boldsymbol{a})$ の符号は $f_{x_ix_j}(\boldsymbol{a}+\boldsymbol{\theta}\cdot\boldsymbol{h})$ の符号と同じである．ここで，

$$\boldsymbol{a}+\boldsymbol{\theta}\cdot\boldsymbol{h}=(a_1+\theta_1 h_1,\cdots,a_m+\theta_m h_m)$$

であり，$\boldsymbol{\theta}\cdot\boldsymbol{h}$ は $\boldsymbol{\theta}$ と $\boldsymbol{h}$ の内積を表す．

これまでと同じように

$$\Delta f=f(\boldsymbol{x})-f(\boldsymbol{a})\approx\frac{1}{2!}\sum_{i=1}^{m}\sum_{j=1}^{m}f_{x_i x_j}(\boldsymbol{a})h_i h_j$$

の符号を調べよう．このとき，$2\Delta f$ は**2次形式**

$$Q(\boldsymbol{h})=\sum_{i=1}^{m}\sum_{j=1}^{m}b_{ij}h_i h_j \quad (b_{ij}=f_{x_i x_j}(\boldsymbol{a}))$$

になっている．

ここで，話を明瞭にするために，ベクトル空間用に (h から x に) 記号を変えよう．つまり，$B=\big(b_{ij}\big)$ を $m\times m$ マトリクスとして，あらためて，

$$Q(\boldsymbol{x})=\sum_{i=1}^{m}\sum_{j=1}^{m}b_{ij}x_i x_j$$

と書くと，上式は

$$Q(\boldsymbol{x})=\boldsymbol{x}^{\mathsf{T}}B\boldsymbol{x}$$

と書ける．ここに，“^{T}” は転置を表す．

ここで，「**2次形式**と極値問題の関係」について考えてみよう．

まず，$Q(\boldsymbol{x})=\sum_{i=1}^{m}\sum_{j=1}^{m}b_{ij}x_i x_j$ に対して，すべての $\boldsymbol{x}\neq\boldsymbol{0}$ に対して $Q(\boldsymbol{x})>0$ ならば，Q は**正値**であるという．また，すべての $\boldsymbol{x}\neq\boldsymbol{0}$ に対して $Q(\boldsymbol{x})<0$ ならば，Q は**負値**であるという．

極値問題を取り扱うときの2次形式におけるマトリクス B は，関数 $f(\boldsymbol{x})$ が2回連続微分可能であることを考えると，“対称マトリクス” になる．

対称マトリクス B に対しては，次の性質 (i)–(iii) が成り立つことが知られている．

(i) **固有値** λ はすべて実数である．

証明 $B\boldsymbol{z}=\lambda\boldsymbol{z}$ とする．

$\lambda\bar{\boldsymbol{z}}^{\mathsf{T}}z=\bar{\boldsymbol{z}}^{\mathsf{T}}B\boldsymbol{z}=\bar{\lambda}\bar{\boldsymbol{z}}^{\mathsf{T}}\boldsymbol{z}$ より，$(\lambda-\bar{\lambda})\bar{\boldsymbol{z}}^{\mathsf{T}}\boldsymbol{z}=0$．ここで，$\bar{z}$ の “バー” は複素共役を表す． ■

(ii) 異なる固有値に属する**固有ベクトル**は直交する.

証明 $B\boldsymbol{x} = \lambda\boldsymbol{x}, B\boldsymbol{y} = \mu\boldsymbol{y}$ $(\lambda \neq \mu)$ のとき,
$\lambda\boldsymbol{x}\cdot\boldsymbol{y} = B\boldsymbol{x}\cdot\boldsymbol{y} = \boldsymbol{x}\cdot B^{\mathsf{T}}\boldsymbol{y} = \boldsymbol{x}\cdot B\boldsymbol{y} = \mu\boldsymbol{x}\cdot\boldsymbol{y}$ より，$\boldsymbol{y}\cdot\boldsymbol{y} = 0.$ ■

(iii) 固有ベクトルからつくられたマトリクス T で B を対角化することができ，$T^{-1}BT = \Sigma$ となる．ここに,

$$\Sigma = \begin{pmatrix} \lambda_1 & \cdots & 0 \\ \vdots & \ddots & \vdots \\ 0 & \cdots & \lambda_m \end{pmatrix}$$

で，T^{-1} は T の逆マトリクスである.

証明 $\boldsymbol{x} = T\boldsymbol{y}$ による変換を用いれば,

$$Q(\boldsymbol{x}) = \boldsymbol{x}^{\mathsf{T}}B\boldsymbol{x} = (T\boldsymbol{y})^{\mathsf{T}}BT\boldsymbol{y} = \boldsymbol{y}^{\mathsf{T}}T^{\mathsf{T}}BT\boldsymbol{y} = \boldsymbol{y}^{\mathsf{T}}\Sigma\boldsymbol{y} = R(\boldsymbol{y})$$

から,

$$R(\boldsymbol{y}) = \sum_{i=1}^{m} \lambda_i y_i^2$$

となる. ■

ここまでくると，λ_i がすべて正であれば $R(\boldsymbol{y})$ が正の値，つまり，Q が正値になることがわかる．このとき，$f(\boldsymbol{x})$ は点 $\boldsymbol{a}$ で極小値になっている．(しかし，先にほのめかしたデターミナントによる判定はまだでてこない.)

$m \geq 3$ の場合の**極値判定法**を以下に示す.

定理 2.10. 次の 3 つは互いに同値である.

(a) Q は正値である.

(b) 係数マトリクス B の固有値はすべて正の値をとる.

(c) 係数マトリクス B のすべての小デターミナント D_k $(1 \leq k \leq m)$ は正の値である.

ここで，マトリクス B の小マトリクス B_k $(1 \leq k \leq n)$ から計算されるデターミナント D_k $(1 \leq k \leq n)$ を**小デターミナント**という.

(ようやく，Q が正値であることと B のデターミナントの値との関係がでてきた.)

証明　(a) ⇒ (b)　$\lambda \boldsymbol{x} \cdot \boldsymbol{x} = B\boldsymbol{x} \cdot \boldsymbol{x} = \boldsymbol{x}^{\mathsf{T}} B\boldsymbol{x} = Q(\boldsymbol{x}) > 0$ ならば，$\lambda > 0$ である．

(b) ⇒ (a)　$\boldsymbol{x} = T\boldsymbol{y}$ による (直交) 変換を用いれば，$\lambda_i > 0$ $(1 \leq i \leq m)$ であるから

$$Q(\boldsymbol{x}) = R(\boldsymbol{y}) = \sum_{i=1}^{m} \lambda_i y_i^2 > 0$$

となる．

(a) ⇒ (c)　$Q(\boldsymbol{x}) > 0$ により $\lambda_i > 0$ $(1 \leq i \leq m)$ なので，

$$D_m = \det(B) = \lambda_1 \cdots \lambda_m > 0$$

がいえる．次に，$1 \leq k \leq m$ となる任意の k をとるとき，**2 次形式** $Q(\boldsymbol{x})$ の定義域を k 次元部分空間に限定したものは $x_1, \cdots, x_k$ の 2 次形式であるから，先と同じように $D_k = \lambda_1 \cdots \lambda_k > 0$ $(1 \leq k \leq m)$ がいえる．

(c) ⇒ (a)　帰納法を使う．$m = 1$ のときには $Q(\boldsymbol{x}) = b_{11} x_1^2$ なので，$b_{11} > 0$ ならば $Q(\boldsymbol{x}) > 0$ である．次に，$k - 1$ で成り立つとする．

$$b_{11} Q(\boldsymbol{x}) = (b_{11} x_1 + \cdots + b_{1m} x_m)^2 + (x_2, \cdots, x_m \text{ の 2 次形式})$$

であり，右辺 2 つ目の 2 次形式を

$$Q_1 = \begin{pmatrix} c_{22} & \cdots & c_{2k} \\ \vdots & \ddots & \vdots \\ c_{k2} & \cdots & c_{kk} \end{pmatrix}$$

とすると，

$$c_{ij} = b_{11} b_{ij} - b_{1i} b_{1j} \quad (2 \leq i, j \leq k)$$

であるから，

$$b_{11}^{k-1} \det \begin{pmatrix} b_{11} & \cdots & b_{1k} \\ \vdots & \ddots & \vdots \\ b_{k1} & \cdots & b_{kk} \end{pmatrix} = \det \begin{pmatrix} b_{11} & b_{12} & \cdots & b_{1k} \\ 0 & c_{22} & \cdots & c_{2k} \\ \vdots & \vdots & \ddots & \vdots \\ 0 & c_{k2} & \cdots & c_{kk} \end{pmatrix}$$

$$= b_{11} \det \begin{pmatrix} c_{22} & \cdots & c_{2k} \\ \vdots & \ddots & \vdots \\ c_{k2} & \cdots & c_{kk} \end{pmatrix}.$$

ここで，D_k $(1 \leq k \leq m)$ が正の値であるという仮定から，$x_2, \cdots, x_n$ の 2 次形式 $Q_1(\boldsymbol{x})$ もすべての小デターミナントが正になることになり，Q_1 は正値となる．ここで，$b_{i1} = b_{1i}$ を用いている．したがって Q は正値となる． ■

定理 2.10 に対応して次の定理が成り立つ．

定理 2.11. 次の 3 つは互いに同値である．

(a) Q は負値である．

(b) 係数マトリクス B の固有値はすべて負の値をとる．

(c) 係数マトリクス B のすべての小デターミナント D_k $(1 \leq k \leq m)$ は不等式 $(-1)^k D_k > 0$ $(1 \leq k \leq m)$ を満たす．

系 2.1. 特に 2 変数の $Q(\boldsymbol{x}) = ax^2 + 2bxy + cy^2$ 場合には，

$$Q \text{ が}\textbf{正値} \iff a > 0,\ ac - b^2 > 0,$$

$$Q \text{ が}\textbf{負値} \iff a < 0,\ ac - b^2 > 0$$

となる．

補足 $f(x_1, x_2, \cdots, x_m)$ の極値判定を行うときに用いる $f_{x_i x_j}$ からつくられるマトリクス $\left(f_{x_i x_j}\right)$ を**ヘッセマトリクス** (Hessian Matrix) という．

以上より，微分積分の極値問題が，線形代数のデターミナント，固有値，固有ベクトル，直交変換，2 次形式，正値 (負値) などの概念と密接に関連していることがわかってもらえただろうか．そう難しいことではない．極値をみつけるということは，関数を 2 次の多項式に近似した後で，極値候補となった点での 2 次関数の変化をみることと同じになり，対応する 2 次形式がヘッセマトリクスの符号とどのように関係しているかということを見いだせばよい[9]．

9) なんだ，ただの 2 次関数を調べただけではないか，簡単なことだ，と感じてもらえるとうれしい．

例題 2.13. 関数 $f(x,y,z)=(2x+3z)y^3+3x^2y+2x^2z$ が極値をとる候補点を求め，そこで極大値をとるか極小値をとるか**峠点** (**鞍点**)[10] になるか判定せよ．

【解】 極値の候補点は

$$\begin{aligned} f_x &= 2(3xy+2xz+y^3)=0,\\ f_y &= 3(x^2+y^2(2x+3z))=0,\\ f_z &= 2x^2+3y^3=0 \end{aligned}$$

を解くことによって，

$$\left(x=-\frac{16}{3}, y=-\frac{8}{3}, z=\frac{20}{9}\right), \quad (x=0, y=0, z=\text{任意})$$

が得られる．

(1) $\left(x=-\dfrac{16}{3}, y=-\dfrac{8}{3}, z=\dfrac{20}{9}\right)$ のとき．

$$\begin{aligned} f_{xx} &= 6y+4z,\\ f_{xy} &= f_{yx}=6(x+y^2),\\ f_{xz} &= f_{zx}=4x,\\ f_{yy} &= 6y(2x+3z),\\ f_{yz} &= f_{zy}=9y^2,\\ f_{zz} &= 0 \end{aligned}$$

であるから，$x=-\dfrac{16}{3}$，$y=-\dfrac{8}{3}$，$z=\dfrac{20}{9}$ でのヘッセマトリクス H は

$$H=\begin{pmatrix} f_{xx} & f_{xy} & f_{xz}\\ f_{yx} & f_{yy} & f_{yz}\\ f_{zx} & f_{zy} & f_{zz} \end{pmatrix} = \begin{pmatrix} -\frac{64}{9} & \frac{32}{3} & -\frac{64}{3}\\ \frac{32}{3} & 64 & 64\\ -\frac{64}{3} & 64 & 0 \end{pmatrix}$$

となる．固有値を求めると

$$\lambda_1\approx 104>0,\ \lambda_2\approx -52<0,\ \lambda_3\approx 5.4>0$$

10) 峠点は “とうげてん”，鞍点は “あんてん” とよぶ．

が得られる．ここでは固有値の符号を知ることに興味があるので，固有値の近似値を求めておけばよい．固有値はすべて正の値ではないので極小値にはならない．また，すべて負の値でもないので極大値にもならない．極値候補点は峠点 (鞍点) になる．その点での $f(x,y,z)$ の値は $= -\dfrac{2048}{81}$ である．

(2)　$(x=0,\ y=0,\ z=$ 任意$)$ のとき．

z がどこにあっても

$$H = \begin{pmatrix} f_{xx} & f_{xy} & f_{xz} \\ f_{yx} & f_{yy} & f_{yz} \\ f_{zx} & f_{zy} & f_{zz} \end{pmatrix} = \begin{pmatrix} 0 & 0 & 0 \\ 0 & 64 & 64 \\ 0 & 64 & 0 \end{pmatrix}$$

となって，極値候補点は極小値にも極大値にも峠点 (鞍点) にもならない．　□

2.11　陰 関 数

1 変数関数のときには取り扱わなかったものに**陰関数**がある．これまでは，

$$y = f(x)$$

のように, 等号の左に変数 y, 右辺に x だけで表される関数 $f(x)$ と**陽的** (explicit) に分けて表現できる場合を考えていたが，ここでは，

$$f(x,y) = 0$$

のように，陽的に表現できない場合を考え，これを**陰的** (implicit) という．また，このときの $f(x,y)=0$ の表現を**陰関数表現**という．例えば，

$$x^2 + y^2 = 0 \quad \text{とか,} \quad \sin(x+y) = 0$$

とかである．

一見，$f(x,y) = 0$ から $y = g(x)$ のような 1 変数関数が導かれ，両者は同じようにみえる．ところが，例えば図 2.13 に示すように，$f(x,y) = 1 - x^2 + y^2 + e^y \cos x$ と $f(x,y)=0$ の共通部分は，$z = f(x,y)$ によってつくられる 3 次元空間での曲面を $z=0$ の平面で切ることによって xy 平面での曲線をつくるが，曲線は，1 つの x に対して 1 つの y が決まるとは限らないので 1 対 1 対応にはなっていない．ここが 1 変数関数とは異なる．

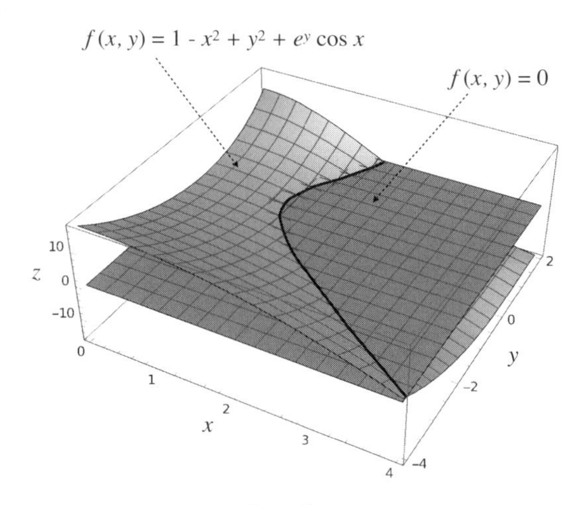

図 2.13　$f(x,y) = 1 - x^2 + y^2 + e^y \cos x$ と $f(x,y) = 0$ の共通部分でできる陰関数曲線 (太線)

(i) 2 変数関数の場合

$f(x,y) = 0$ で表された関数形から，微分 $\dfrac{dy}{dx}$ を求めることを考える．例えば，

$$x^2 + y^2 = 1$$

のように $y = f(x)$ の形は，

$$y_1 = \sqrt{1 - x^2} \quad と \quad y_2 = -\sqrt{1 - x^2}$$

のように比較的容易に求められることもあるが，一般にはそのように表せないことも多い．この例の場合，y と x ともに x の関数と考えて，

$$\frac{\partial x^2}{\partial x}\frac{\partial x}{\partial x} + \frac{\partial y^2}{\partial y}\frac{\partial y}{\partial x} = 0,$$

つまり，

$$2x + 2y\frac{\partial y}{\partial x} = 0$$

が得られ，y は x (だけ) の関数と考えると，

$$\frac{dy}{dx} = -\frac{x}{y}$$

のように計算できるが，上記のように $f(x,y) = 0$ を陽的に表せない場合，

次の陰関数の定理を用いることができる.

定理 2.12 (陰関数の定理). 点 (x_0, y_0) を含む領域で連続な関数 $f(x, y)$ の偏微分 $f_x(x, y), f_y(x, y)$ が存在して，$f_y(x, y)$ は連続とする．点 (x_0, y_0) で $f(x_0, y_0) = 0$ で，$f_y(x_0, y_0) \neq 0$ ならば，$\varepsilon_1 > 0$，$\varepsilon_2 > 0$ に対して，区間 $|x - x_0| < \varepsilon_1$ で定義された関数 $y = g(x)$ で，

$$
\begin{aligned}
&y_0 = g(x_0), \\
&|g(x) - y_0| < \varepsilon_2, \\
&f(x, g(x)) \equiv 0
\end{aligned}
$$

となるものがただ 1 つ存在して連続微分可能であり，

$$f_y(x, g(x)) \neq 0, \tag{2.33}$$

および，

$$g'(x) = -\frac{f_x(x, g(x))}{f_y(x, g(x))} \tag{2.34}$$

が成り立つ.

証明 $f_y(x_0, y_0) \neq 0$ なので，ここでは $f_y(x_0, y_0) > 0$ と仮定する．f_y は連続なので，点 (x_0, y_0) の近傍の点 (x, y) では $f_y(x, y) > 0$ と考えてよい．つまり，x を固定して考えると，$f(x, y)$ は (x_0, y_0) の近傍では y の関数として単調に増加する．したがって，$|x - x_0| < \varepsilon_1$，$|y - y_0| < \varepsilon_2$ において，$f(x, y)$ は，開区間 $(x, y_0 - b)$ では負で，y 軸方向に増加し，開区間 $(x, y_0 + b)$ では正になる．ここで単調増加なので $f(x, y) = 0$ を満たす y はただ 1 つである．その y を $g(x)$ とすれば，$f(x, g(x)) \equiv 0$ となる.

次に，x の δ 近傍から x_1 をとる．つまり，$|x - x_1| < \delta$ とする．ε を，

$$y_0 - b < y_1 - \varepsilon < y_1 + \varepsilon < y_0 + b, \tag{2.35}$$

かつ $f(x_1, y_1) = 0$ になるようにとると，

$$f(x_1, y_1 - \varepsilon) < 0, \quad f(x_1, y_1 + \varepsilon) > 0 \tag{2.36}$$

となる．$f(x, y)$ は連続なので，δ が小さければ $|x - x_1| < \delta$ となる x で，

$$f(x, y_1 - \varepsilon) < 0, \quad f(x, y_1 + \varepsilon) > 0 \tag{2.37}$$

となる．x を固定して y が $y_1 - \varepsilon$ から $y_1 + \varepsilon$ まで動くとき，$f(x, y)$ は負から正に変わり，中間値の定理[11)]から，途中で 0 になる点がある．その点は $(x, g(x))$ である．したがって，$|x - x_1| < \delta$ で

$$y_1 - \varepsilon < g(x) < y_1 + \varepsilon \tag{2.38}$$

となる．つまり，$g(x)$ は x_1 で連続である．

最後に，Δx を十分小さくとり，

$$\Delta y = g(x_0 + \Delta x) - g(x_0) \tag{2.39}$$

とおく．g は連続関数なので，$\Delta x \to 0$ のとき $\Delta y \to 0$ である．平均値の定理を使うと，

$$\begin{aligned} & f(x + \Delta x, y + \Delta y) - f(x_0, y_0) \\ & \quad = f_x(x_0 + t\Delta x, y_0 + t\Delta y)\Delta x + f_y(x_0 + t\Delta x, y_0 + t\Delta y)\Delta y \\ & \qquad\qquad (0 < t < 1) \end{aligned} \tag{2.40}$$

である．$f(x, g(x)) \equiv 0$ なので，

$$f(x_0 + \Delta x, y_0 + \Delta y) = f(x_0 + \Delta x, g(x_0 + \Delta x)) = 0$$

になる．したがって，$f(x + \Delta x, y + \Delta y) - f(x_0, y_0) = 0$．これから，

$$\frac{\Delta y}{\Delta x} = -\frac{f_x(x_0 + t\Delta x, y_0 + t\Delta y)}{f_y(x_0 + t\Delta x, y_0 + t\Delta y)} \quad (0 < t < 1) \tag{2.41}$$

となる．$\Delta x \to 0$ で，$g'(x)$ の式が得られる． ■

例題 2.14. 陰関数表現された関数

$$f(x, y) = x^2 + y^2 - 1 = 0$$

の $\dfrac{dy}{dx}$ を求めよ．

【解】 $f_x(x, y) = 2x$, $f_y(x, y) = 2y$ なので，定理 2.12 より

$$\frac{dy}{dx} = -\frac{f_x(x, g(x))}{f_y(x, g(x))} = -\frac{2x}{2y} = -\frac{x}{y}.$$

---

11) 1 変数の微積分 [3], p.33.

【別解】 この場合には，$f(x,y)$ を y について解いた $y=\pm\sqrt{1-x^2}$ を直接微分して，

$$\frac{dy}{dx}=\pm\frac{-2x}{\pm 2\sqrt{1-x^2}}=-\frac{x}{y}$$

と求めることもできる． □

陰関数の定理から次の**逆関数の定理**が導かれる．

定理 2.13. 関数 $y=f(x)$ が微分可能で，その微分 $\dfrac{dy}{dx}=f'(x)$ が連続，$f'(x_0)\neq 0$ ならば，x_0 の近傍で $x=g(x)$ が定義され，$g(y)$ も微分可能で，その微分は，

$$g'(y)=\frac{1}{f'(g(y))} \tag{2.42}$$

である．

証明

$$F(x,y)=f(x)-y$$

を考える．このとき，$F_x(x,y)=f'(x)$，$F_y(x,y)=-1$ はともに連続である．$y_0=f(x_0)$ とおけば，$F_x(x_0,y_0)=f'(x_0)\neq 0$ になる．先の定理 2.12 で x と y を入れ換えて使うと，y_0 の近傍で微分可能な関数 $x=g(y)$ で，

$$F(g(y),y)\equiv 0$$

であり，$x_0=g(y_0)$ となるものがただ 1 つあり，

$$F(g(y),y)=f(g(y))-y\equiv 0$$

なので，g が求める逆関数である．そのときの微分は，

$$g'(y)=-\frac{F_y(x,y)}{F_x(x,y)}=-\frac{-1}{f'(x)}=\frac{1}{f'(g(y))}$$

である． ■

(ii) 3 変数以上の関数の場合

3 変数以上の関数の場合の陰関数の定理を以下に示す.

定理 2.14 (陰関数の定理). 点 $(x_1^*, \cdots, x_m^*, y^*)$ を含む領域で連続な関数 $f(x_1, \cdots, x_m, y)$ の偏微分 $f_{x_1}(x_1, \cdots, x_m, y)$, $\cdots$, $f_{x_m}(x_1, \cdots, x_m, y)$, $f_y(x_1, \cdots, x_m, y)$ が存在して, $f_y(x_1, \cdots, x_m, y)$ は連続とする. 点 $(x_1^*, \cdots, x_m^*, y^*)$ で $f(x_1^*, \cdots, x_m^*, y^*) = 0$ で, $f_y(x_1^*, \cdots, x_m^*, y^*) \neq 0$ ならば, $\varepsilon_1 > 0$, $\varepsilon_2 > 0$ に対して, 区間 $|x_i - x_i^*| < \varepsilon_1$ で定義された関数 $y = g(x_1, \cdots, x_m)$ で,

$$
\begin{aligned}
&y^* = g(x_1^*, \cdots, x_m^*), \\
&|g(x_1, \cdots, x_m) - y^*| < \varepsilon_2, \\
&f(x_1, \cdots, x_m, g(x_1, \cdots, x_m)) \equiv 0
\end{aligned}
$$

となるものがただ 1 つ存在して連続微分可能であり,

$$
f_y(x_1, \cdots, x_m, g(x_1, \cdots, x_m)) \neq 0, \tag{2.43}
$$

および,

$$
g_{x_i}(x_1, \cdots, x_m) = -\frac{f_{x_i}(x_1, \cdots, x_m, g(x_1, \cdots, x_m))}{f_y(x_1, \cdots, x_m, g(x_1, \cdots, x_m))} \tag{2.44}
$$

が成り立つ.

証明 2 変数の場合と同様である. ■

例題 2.15. 陰関数表現された関数

$$
f(x_1, \cdots, x_m) = x_1^2 + \cdots + x_m^2 - 1 = 0
$$

の $\dfrac{\partial x_m}{\partial x_i}$ を求めよ.

【解】 与えられた関数の偏微分は $f_{x_i} = 2x_i$, $f_{x_m} = 2x_m$ なので, 定理 2.14 より

$$
\frac{\partial x_m}{\partial x_i} = -\frac{2x_i}{2x_m} = -\frac{x_i}{x_m}.
$$

□

2.12　制約条件付き最適化

最適化問題とは，関数の最大値や最小値を探索する問題である．1 変数の関数のときには，領域 D の内点で関数を微分して 0 になる点をみつけ，その後，さらに微分して極値判定を行うことによって，最大値や最小値の候補をあげていた[12]．その際，D の境界における関数のとる値も調べたうえで，最大値および最小値を求めていた．

多変数関数 $y = f(x_1, \cdots, x_m)$ の場合も 1 変数のときと同じことを行うが，関数の 1 次微分によって m 個の方程式 $(y_{x_i} = f_{x_i}(x_1, \cdots, x_m) = 0)$ がつくられる．そこで，まずはこの連立方程式を解く問題になる．極値候補となる解がみつかったら，やはり極値判定によって，極大点，極小点，**峠点** (**鞍点**) などを見きわめる．なお一般に，連立方程式は非線形方程式になることが多いため，解が解析的に得られることは少なく，解を探索するには**ニュートン法**などのような数値的な方法をとっている．

問題によっては，変数間に一定の関係が設けられることもあり，最適化問題はさらに複雑になってくる．この変数間の関係のことを**制約条件**といい，この条件の下で最適解を求める問題を**制約条件付き最適化**問題とよんでいる．ここでは，その解決法として**ラグランジュの乗数法** (あるいは**ラグランジュの未定乗数法**) について述べる．

(i) 2 変数関数の場合

まず，2 変数関数 $z = f(x, y)$ の場合について考えよう．2 変数の場合，変数間の一定の関係は陰関数 $\phi(x, y) = 0$ によって表現できる．陰関数の定理は，y が $y = y(x)$ のような形に書ける可能性を教えてくれた．すると，方向微分のところで考えたように，t というパラメータによって x や y が $x = x(t)$ や $y = y(t)$ と書けたとすると，f の最適値を得るには，f のパラメータ t に関する微分で $\dfrac{df}{dt} = 0$ を，$\phi(x, y) = 0$ と一緒に考えればよいことになる．

$\dfrac{df}{dt} = 0$ については

$$\frac{df}{dt} = f_x \frac{dx}{dt} + f_y \frac{dy}{dt} = 0 \tag{2.45}$$

12)　1 変数の微積分 [3], 2.3 節参照.

が得られ，一方，制約条件で与えられている $\phi(x,y)=0$ を t で微分すると，

$$\frac{d\phi}{dt}=\phi_x\frac{dx}{dt}+\phi_y\frac{dy}{dt}=0 \tag{2.46}$$

が得られる．この2つの式から $\dfrac{dx}{dt}$ と $\dfrac{dy}{dt}$ を表から隠してしまうようにするため，

$$\frac{f_x}{\phi_x}=\frac{f_y}{\phi_y}=\lambda \tag{2.47}$$

とおいて，

$$f_x-\lambda\phi_x=0, \tag{2.48}$$

$$f_y-\lambda\phi_y=0 \tag{2.49}$$

について解くことを考えるのである．

このとき，次の定理が成り立つ．

定理 2.15. $f(x,y),\phi(x,y)$ はともに連続微分可能であり，$\phi(x,y)=0$ を満たす点 (x,y) では，ϕ_x,ϕ_y は同時には0にならないとする．このとき，

$$f_x(x,y)-\lambda\phi_x(x,y)=0,$$

$$f_y(x,y)-\lambda\phi_y(x,y)=0$$

となる λ が存在する．

この λ を**ラグランジュの乗数**とよぶ．なお，この定理は**必要条件**である．

証明

$$F(x,y,\lambda)=f(x,y)-\lambda\phi(x,y)$$

とする．このとき，

$$F_x(x,y,\lambda)=f_x(x,y)-\lambda\phi_x(x,y),$$

$$F_y(x,y,\lambda)=f_y(x,y)-\lambda\phi_y(x,y),$$

$$F_\lambda(x,y,\lambda)=-\lambda$$

であるから，$F_x=F_y=F_\lambda=0$ となる点 (x,y,λ) をみつければ，点 (x,y) は

$$\phi(x,y)=0,\quad f_x(x,y)-\lambda\phi_x(x,y)=0,\quad f_y(x,y)-\lambda\phi_y(x,y)=0$$

を満たす停留点になっている． ■

例題 2.16. $x \geq 0,\ y \geq 0$ とする．x, y が $x + y = 1$ を満たしながら変化するとき，$g(x, y) = x^p y^q$ の最大値を求めよ．ここに，p, q は正の定数とする，

【解】

$$F(x, y) = x^p y^q - \lambda(x + y - 1)$$

とおく．これに対して，

$$F_x = p x^{p-1} y^q - \lambda = 0, \quad F_y = x^p q y^{q-1} - \lambda = 0$$

から λ を消去して，$py = qx$．さらに，$x + y = 1,\ x \geq 0,\ y \geq 0$ から，x, y を求めると，$(x, y) = \left(\dfrac{p}{p+q}, \dfrac{q}{p+q}\right)$．最大値は，

$$g\left(\frac{p}{p+q}, \frac{q}{p+q}\right) = \left(\frac{p}{p+q}\right)^p \left(\frac{q}{p+q}\right)^q$$

である． □

なお，この問題は，$y = 1 - x$ とすれば $g(x, y) = x^p (1 - x)^q$ の 1 変数関数の最大値を求める問題に帰着される．

(ii) 3 変数以上の関数の場合

3 変数以上の関数の場合にもほとんど同じように議論できる．変数間の一定の関係は陰関数 $\phi(x_1, \cdots, x_m, y) = 0$ によって表現できるとする．陰関数の定理から，y は $y = y(x_1, \cdots, x_m, y)$ のような形に書けると考える．

$$F(x_1, \cdots, x_m, y, \lambda) = f(x_1, \cdots, x_m, y) - \lambda \phi(x_1, \cdots, x_m, y) \tag{2.50}$$

とする．このとき，

$$F_{x_i}(x_1, \cdots, x_m, y, \lambda) = f_{x_i}(x_1, \cdots, x_m, y) - \lambda \phi_{x_i}(x_1, \cdots, x_m, y), \quad (i = 1, \cdots, m) \tag{2.51}$$

$$F_y(x_1, \cdots, x_m, y, \lambda) = f_y(x_1, \cdots, x_m, y) - \lambda \phi_y(x_1, \cdots, x_m, y), \tag{2.52}$$

$$F_\lambda(x_1, \cdots, x_m, y, \lambda) = -\lambda \tag{2.53}$$

であるから，

$$F_{x_1} = \cdots = F_{x_m} = F_y = F_\lambda = 0$$

となる点 $(x_1, \cdots, x_m, y, \lambda)$ をみつければ，点 $(x_1, \cdots, x_m, y)$ は停留点になっている．

例題 2.17. **(1)** $x^2 + y^2 + z^2 = 1$ の条件下で，$x + y + z$ の最大値を求めよ．

(2) $x + y + z = \sqrt{3}$ の条件下で，$x^2 + y^2 + z^2$ の最小値を求めよ．

【解】 **(1)**

$$f(x, y, z) = x + y + z,$$
$$g(x, y, z) = 1 - (x^2 + y^2 + z^2)$$

とする．

$$F(x, y, z) = f(x, y, z) - \lambda g(x, y, z)$$

とおけば，

$$f_x(x, y, z) = f_y(x, y, z) = f_z(x, y, z) = 1,$$
$$g_x(x, y, z) = -2x, \quad g_y(x, y, z) = -2y, \quad g_z(x, y, z) = -2z$$

なので，

$$F_x(x, y, z) = f_x(x, y, z) - \lambda g_x(x, y, z) = 1 - \lambda(-2x),$$
$$F_y(x, y, z) = f_y(x, y, z) - \lambda g_y(x, y, z) = 1 - \lambda(-2y),$$
$$F_z(x, y, z) = f_z(x, y, z) - \lambda g_z(x, y, z) = 1 - \lambda(-2z)$$

より，$x = y = z$ が極値をとる点 (x, y, z) の候補になる．$g(x, x, x) = 1 - 3x^2 = 0$ を解いて，$x = y = z = \pm\dfrac{1}{\sqrt{3}}$ が得られる．また，$\lambda = \mp\dfrac{\sqrt{3}}{2}$ である．したがって，$x + y + z$ の最大値は $x = y = z = \dfrac{1}{\sqrt{3}}$ のときで，$\dfrac{3}{\sqrt{3}} = \sqrt{3}$ になる．

(2)

$$f(x, y, z) = x^2 + y^2 + z^2,$$
$$g(x, y, z) = \sqrt{3} - (x + y + z)$$

とする．

$$F(x, y, z) = f(x, y, z) - \lambda g(x, y, z)$$

とおけば，

$$f_x(x, y, z) = 2x, \quad f_y(x, y, z) = 2y, \quad f_z(x, y, z) = 2z,$$

$$g_x(x,y,z) = g_y(x,y,z) = g_z(x,y,z) = -1$$

なので，

$$F_x(x,y,z) = f_x(x,y,z) - \lambda g_x(x,y,z) = 2x - \lambda(-1),$$

$$F_y(x,y,z) = f_y(x,y,z) - \lambda g_y(x,y,z) = 2y - \lambda(-1),$$

$$F_z(x,y,z) = f_z(x,y,z) - \lambda g_z(x,y,z) = 2z - \lambda(-1)$$

より，$x = y = z$ が極値をとる点 (x,y,z) の候補になる．$g(x,x,x) = \sqrt{3} - 3x = 0$ を解いて，$x = y = z = \dfrac{1}{\sqrt{3}}$ が極値をとる (x,y,z) の候補になる．また，$\lambda = -\dfrac{2}{\sqrt{3}}$ である．したがって，$x^2 + y^2 + z^2$ の最小値は $3\left(\dfrac{1}{\sqrt{3}}\right)^2 = 1$ になる． □

注意 2.5. 上の 2 つの問題は，1 つを制約条件にして他方を最適化する問題と，役割を入れ換えた同様の問題になっている．ラグランジュの乗数の式にすると，λ の係数部分が異なるだけで，解く内容は同様であることがわかる．つまり，最適化問題

$$\min_{\boldsymbol{x}} f(\boldsymbol{x}) \quad (\text{制約条件 } g(\boldsymbol{x}) = 0) \tag{2.54}$$

は，制約条件なしの最適化問題

$$\min_{\boldsymbol{x},\lambda} \{f(\boldsymbol{x}) + \lambda g(\boldsymbol{x})\} \tag{2.55}$$

と同値な問題になり，これは,

$$\min_{\boldsymbol{x},\lambda} \left\{ g(\boldsymbol{x}) + \frac{1}{\lambda} f(\boldsymbol{x}) \right\} \tag{2.56}$$

と同じことであって，さらに，これは，最適化問題

$$\min_{\boldsymbol{x}} g(\boldsymbol{x}) \quad (\text{制約条件 } f(\boldsymbol{x}) = 0) \tag{2.57}$$

と同値になるからである．この問題に関連する実用的な事例を 2.13.2 項「機械学習における正則化」に示す．

図 2.14 に，例題 2.17 を 2 次元にしたときの同様な 2 つの問題で，制約条件 $g(x,y) = 0$ を満たしながら最適解 $f(x,y)$ に近づいていく様子を示す．

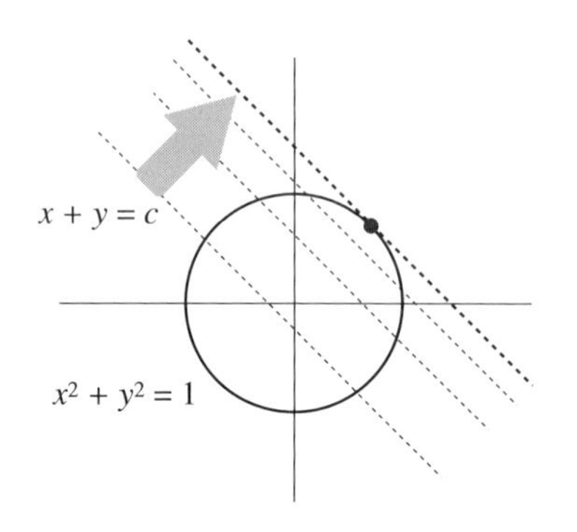

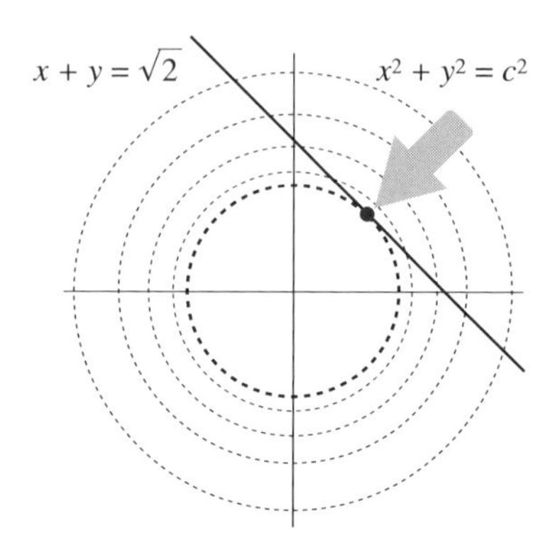

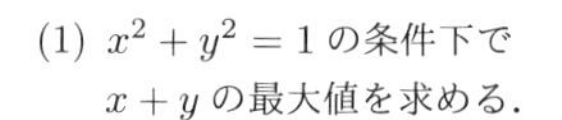
(1) $x^2+y^2=1$ の条件下で $x+y$ の最大値を求める.

(2) $x+y=\sqrt{2}$ の条件下で x^2+y^2 の最小値を求める.

図 2.14 2 つの最適化問題の類似性

例題 2.18. m 個の確率変数 X_i $(i=1,\cdots,m)$ をもつ**多項分布**[13)]の確率は,

$$P(X_1=x_1,\cdots,X_m=x_m)=\frac{(x_1+\cdots+x_m)!}{x_1!\cdots x_m!}p_1^{x_1}\cdots p_m^{x_m}$$

で表される. ここに, x_i はグループ i での観測数, p_i はグループ i にサンプルが含まれる割合を表す. このように, x_i $(i=1,\cdots,m)$ が観測されたときの対数尤度関数は

$$\log L=\sum_{i=1}^{m}x_i\log p_i$$

となる. 未知パラメータ p_i の推定値は, 方程式

$$\frac{\partial \log L}{\partial p_i}=0 \quad (i=1,\cdots,m)$$

を解くことによって求められる. どのように求めたらよいか, 解法を示せ.

【解】 ラグランジュの乗数法を使う.

$$l(p_1,\cdots,p_m)=\sum_{i=1}^{m}x_i\log p_i+\lambda\left(\Big(\sum_{i=1}^{m}\log p_i\Big)-1\right)$$

として

13) 文献 [7] を参照.

$$\frac{\partial \log l}{\partial p_i} = 0 \quad (i = 1, \cdots, m), \qquad \frac{\partial \log l}{\partial \lambda} = 0$$

を解くと

$$\widehat{p}_i = -\frac{x_i}{\lambda} \quad (i = 1, \cdots, m)$$

が得られ,

$$\sum_{i=1}^{m} p_i = 1 = -\frac{x_i + \cdots + x_m}{\lambda}$$

であるから，p の推定値 $\widehat{p}$ は,

$$\widehat{p}_i = \frac{x_i}{x_i + \cdots + x_m} \quad (i = 1, \cdots, m)$$

となる.

【別解】　ラグランジュの乗数法を使わないで直接計算することもできる.

$$p_m = 1 - \sum_{i=1}^{m-1} p_i$$

なので,

$$\frac{\partial \log l}{\partial p_i} = \frac{x_i}{p_i} - \frac{x_m}{1 - \sum_{i=1}^{m-1} p_i} = 0 \quad (i = 1, \cdots, m-1).$$

これを満たす p_i を $\widehat{p}_i$ と書いて $\dfrac{x_m}{1 - \sum_{i=1}^{m-1} \widehat{p}_i} = \alpha$ とおくと，$\widehat{p}_i = \alpha x_i$ であり,

$$\sum_{i=1}^{m} \widehat{p}_i = \alpha \sum_{i=1}^{m} x_i = 1$$

より,

$$\widehat{p}_i = \frac{x_i}{x_i + \cdots + x_m} \quad (i = 1, \cdots, m)$$

が得られる. □

(iii) 不等号の制約条件の場合

偏微分係数を一括して表現するために，ここで，勾配を表す記号 ∇ [14]を導入しよう.

---

14)　∇ は “ナブラ” とよぶ.

$$\nabla f(x_1, \cdots, x_m, y) = 0 \tag{2.58}$$

は

$$\begin{cases} f_{x_1}(x_1, \cdots, x_m, y) = 0, \\ \qquad\vdots \\ f_{x_m}(x_1, \cdots, x_m, y) = 0, \\ f_y(x_1, \cdots, x_m, y) = 0 \end{cases} \tag{2.59}$$

を意味するものとする.

等号の制約条件の場合での最適化問題では,

「f, ϕ はともに連続偏微分可能であり, $\phi = 0$ を満たす点では, ϕ_{x_i}, ϕ_y は同時には 0 にならないとするとき, $\phi = 0$ の条件の下で f の最小値を探す」

ことを行っていた. これは,

$$F(x_1, \cdots, x_m, y, \lambda) = f(x_1, \cdots, x_m, y) - \lambda\phi(x_1, \cdots, x_m, y) \tag{2.60}$$

とするとき,

$$\nabla F = 0 \tag{2.61}$$

を求めることと簡単に表現できる.

不等号の制約条件の下での最適化問題では, これまで取り扱ってきた $\phi(x_1, \cdots, x_m, y) = 0$ の条件が $\phi(x_1, \cdots, x_m, y) \leq 0$ に変わる. とはいえ, これも,

(1) $\phi(x_1, \cdots, x_m, y) < 0$ の場合,
(2) $\phi(x_1, \cdots, x_m, y) = 0$ の場合

の 2 つの場合について分けて考えればよいので 1 つずつ調べていこう.

(1) $\phi(x_1, \cdots, x_m, y) < 0$ の場合. これは, $f(x_1, \cdots, x_m, y)$ の停留点が $\phi(x_1, \cdots, x_m, y) = 0$ でつくられる境界の内側にある場合と考えてよいので, もともと $\phi(x_1, \cdots, x_m, y) < 0$ の制約を付けなくて, 制約なしの最適化問題に帰着する.

(2) $\phi(x_1, \cdots, x_m, y) = 0$ の場合. これは, これまで取り扱ってきたラグランジュの乗数法を用いることになる.

これら 2 つをまとめると，次のような最適値を探索する条件が得られる．

定義 2.4 (KKT (Karush-Kuhn-Tucker) 条件)． $\phi(x_1, \cdots, x_m, y) \leq 0$ の条件下で，$f(x_1, \cdots, x_m, y)$ の最小値を求めるには，

$$\nabla f - \lambda \nabla \phi = 0,$$
$$\lambda \phi = 0,$$
$$\lambda \geq 0, \quad \phi \leq 0$$

の候補点を探索すればよい．

図 2.15 に，KKT 条件の下での最適値探索の様子を示す．なお，図の (2) で $\phi(x, y) = 0$ の曲線上に接線のように描かれているのは接平面である．

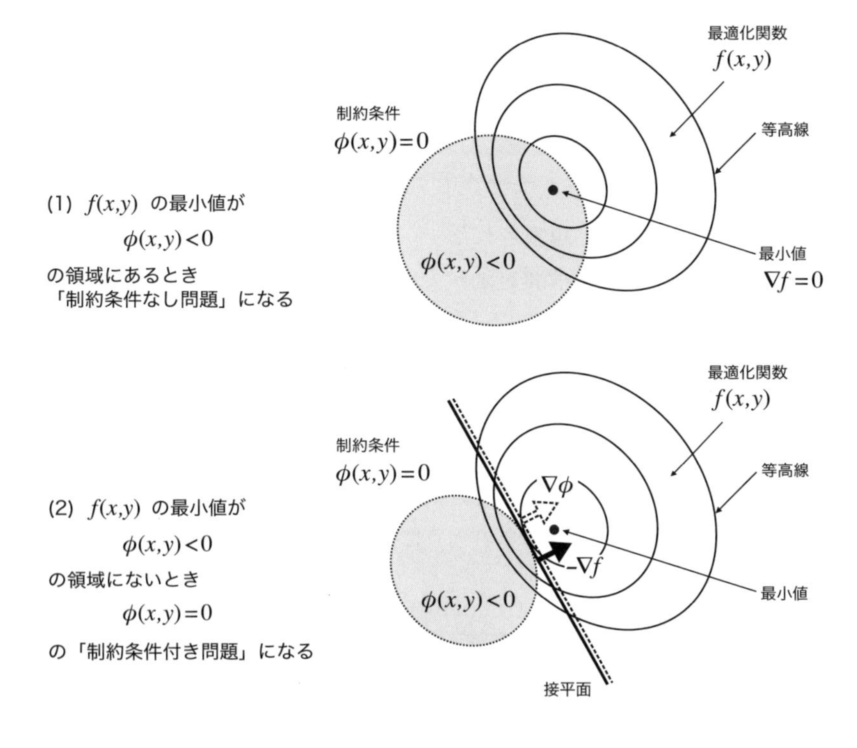

図 2.15　KKT 条件 ($f(x, y)$ の実現可能な最適解が $\phi(x, y) = 0$ に接しているところが接平面になっている．)

KKT 条件の適用例は，2.13.2 項の「機械学習の正則化」で示される．

2.13 多変数関数の微分の応用

2.13.1 3 パラメータワイブル分布のパラメータ推定

信頼性解析などによく用いられる確率分布に**ワイブル分布**がある．疲労や故障あるいは寿命といったイベントが起こった時刻やストレスを確率変数 X とした分布である．**確率分布関数** $F(x)$ と**密度関数** $f(x)$ は，それぞれ次のように表される．

$$F(x;\eta,\beta,\gamma) = 1 - \exp\left\{-\left(\frac{x-\gamma}{\eta}\right)^{\beta}\right\} \quad (\eta > 0,\ \beta > 0,\ x \geq \gamma),$$

$$f(x;\eta,\beta,\gamma) = \left(\frac{\beta}{\eta}\right)\left(\frac{x-\gamma}{\eta}\right)^{\beta-1}\exp\left\{-\left(\frac{x-\gamma}{\eta}\right)^{\beta}\right\}.$$

さて，4 つの観測データ

$$x_1 = 3.1,\ x_2 = 4.6,\ x_3 = 5.6,\ x_4 = 6.8$$

が得られたとしよう[15]．観測されたデータに基づいて未知パラメータ $\theta = (\eta,\beta,\gamma)$ を推定するには**最尤推定法**がよく用いられる．最尤推定は，尤度関数 L を最大にするような未知パラメータを求める最適化問題になる．ここで L を最大にすることと $\log L$ を最大にすることは (log 関数が単調増加関数であるから) 同じになるため，通常は，$\log L$ を最大にするパラメータを求める．また，対数変換には，“独立同一分布からのサンプリングが尤度の積になっているときには対数変換することで対数尤度の和になり，そのため中心極限定理[16]が使えて信頼区間を求めることができるようになる”，という利点もある．つまり，

$$\log L = \sum_{i=1}^{4}\left[\log\left(\frac{\beta}{\eta}\right) + (\beta-1)\left\{\log\left(\frac{x_i-\gamma}{\eta}\right)\right\} - \left(\frac{x_i-\gamma}{\eta}\right)^{\beta}\right]$$

を最大にする η,β,γ を求めることになる．

15) 文献 [13] を参照．
16) 文献 [7] を参照．

極値を求めるために，

$$\frac{\partial \log L}{\partial \eta} = 0,$$
$$\frac{\partial \log L}{\partial \beta} = 0,$$
$$\frac{\partial \log L}{\partial \gamma} = 0$$

の解を求めると，

$$\widehat{\theta}_1 = (\widehat{\eta}_1, \widehat{\beta}_1, \widehat{\gamma}_1) = (3.713, 2.707, 1.733),$$
$$\widehat{\theta}_2 = (\widehat{\eta}_2, \widehat{\beta}_2, \widehat{\gamma}_2) = (2.383, 1.431, 2.837)$$

の 2 つが得られる[17)].

それぞれの解について，3 つのパラメータのうち，2 つのパラメータの最尤推定値を固定して，1 つだけを動かしたときのグラフを図 2.16 に示す．一見，どちらの場合にも極大値になっているような感じを受ける．ここで，上で示した極値判定法を用いて，2 つの解が極大値になっているかどうかを確認してみよう．

まず，$\theta = \widehat{\theta}_1$ では，

$$B = \begin{pmatrix} \dfrac{\partial^2 \log L}{\partial \eta^2} & \dfrac{\partial^2 \log L}{\partial \eta \beta} & \dfrac{\partial^2 \log L}{\partial \eta \gamma} \\ \dfrac{\partial^2 \log L}{\partial \beta \eta} & \dfrac{\partial^2 \log L}{\partial \beta^2} & \dfrac{\partial^2 \log L}{\partial \beta \gamma} \\ \dfrac{\partial^2 \log L}{\partial \gamma \eta} & \dfrac{\partial^2 \log L}{\partial \gamma \beta} & \dfrac{\partial^2 \log L}{\partial \gamma^2} \end{pmatrix}_{\widehat{\theta}_1}$$
$$= \begin{pmatrix} -2.126 & 0.4166 & -1.912 \\ 0.4166 & -0.8718 & -0.4036 \\ -1.912 & -0.4038 & -2.508 \end{pmatrix}_{\widehat{\theta}_1}$$

であり，係数マトリクス B のすべての小デターミナント D_1, D_2, D_3 を計算すると，

$$D_1 = -2.126 < 0, \quad D_2 = 1.680 > 0, \quad D_3 = -0.03784 < 0$$

17) 信頼性解析などによく用いられる確率分布のパラメータ推定の最尤推定値を求めるオンラインサービス stat-service [16] には，この極値判定を組み込んだ推定値が与えられている．

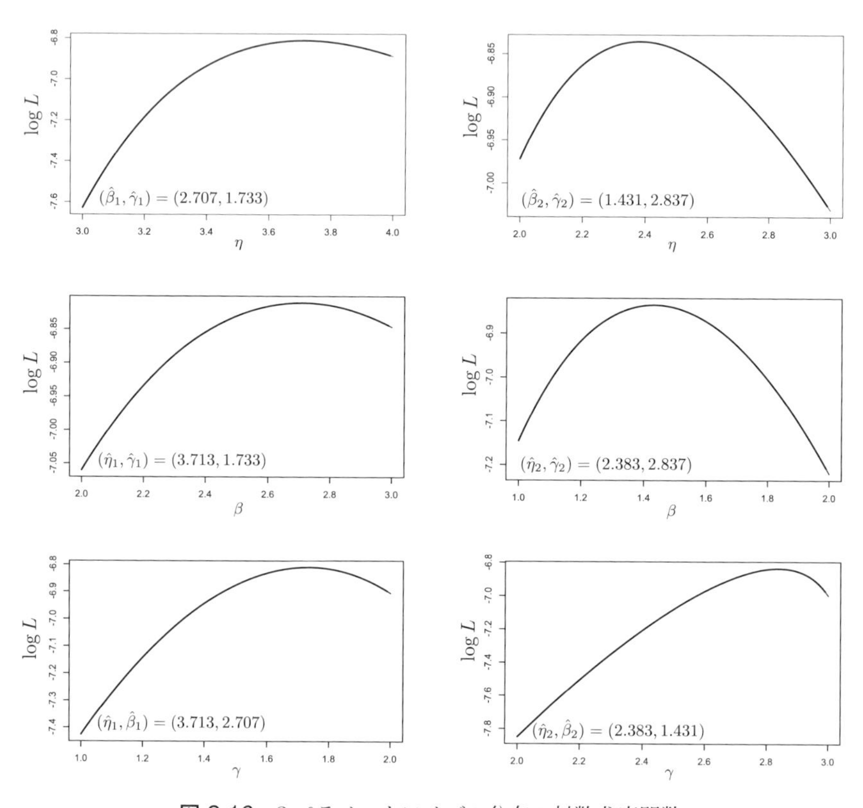

図 2.16　3 パラメータワイブル分布の対数尤度関数

である．また，係数マトリクス B の固有値は

$$-0.007081838, \quad -1.260499811, \quad -4.238774277$$

であり，すべて負の値である．つまり，係数マトリクス B は負値マトリクスであることから，このパラメータ $\widehat{\theta}_1$ での対数尤度関数は極大値になっている．このときの対数尤度の値は -6.811 である．

一方，$\theta = \widehat{\theta}_2$ では，

$$B = \begin{pmatrix} -1.443 & 0.5690 & -1.290 \\ 0.5690 & -2.784 & -3.681 \\ -1.290 & -3.681 & -7.149 \end{pmatrix}_{\widehat{\theta}_2}$$

であり，係数マトリクス B のすべてのデターミナント D_1, D_2, D_3 を計算す

ると，

$$D_1 = 3.183 > 0, \quad D_2 = 3.69 > 0, \quad D_3 = -1.443 < 0$$

であり，また，D_3 の固有値は

$$0.1554, \quad -2.194, \quad -9.336$$

となっている．したがって，このパラメータ $\widehat{\theta}_2$ での対数尤度関数は極値にはなっていない．このときの対数尤度の値は -6.836 である．

対数尤度方程式の 2 つ目の解

$$\widehat{\theta}_2 = (\widehat{\eta}_2, \widehat{\beta}_2, \widehat{\gamma}_2) = (2.383, 1.431, 2.837)$$

では，3 つの変数のうち 2 つの変数を固定して 1 つの変数だけを動かしてみると，どの場合でも一見 $\widehat{\theta}_2$ のときに極大値をとるようにみえた．しかし，極値判定を行ってみると，上記のように極大値にはなっていないと判定される．もし，そこで極大値になるなら，その点を通るあらゆる方向の直線上で対数尤度の値を調べてみると，すべての場合で $\widehat{\theta}_2$ のときに極大値になるはずである．

そこで，このことを確かめるため，ここでは，2 つの極値候補点である $\widehat{\theta}_1$ と $\widehat{\theta}_2$ を結んだ直線上で 3 変数を動かしたときの対数尤度の値をみてみた．図 2.17 にそのグラフを示す．横軸 t は，$\widehat{\theta}_1$ で $t = 0$，$\widehat{\theta}_2$ で $t = 1$ になっており，直線上の (η, β, γ) はパラメータ t によって

$$\begin{aligned}
\eta &= 3.713 + (2.383 - 3.713)t, \\
\beta &= 2.707 + (1.431 - 2.707)t, \\
\gamma &= 1.733 + (2.837 - 1.733)t
\end{aligned}$$

としている．図をみると，この直線上では $\widehat{\theta}_2$ の点での対数尤度は極小値になっている．つまり，この直線上では極大値になっていないことがわかる．

ここで，図 2.17 だけを見ると最大値の候補には $\theta = \widehat{\theta}_1$ のときが考えられるが，はたしてそうだろうか．この関数はじつに扱いにくい．じつは，定義域の縁でさらに大きな値をとるのである．

$$\widehat{\theta}_3 = (\widehat{\eta}_3, \widehat{\beta}_3, \widehat{\gamma}_3) = (1.925, 1, 3.1)$$

のとき，対数尤度の値は -6.620 となる．

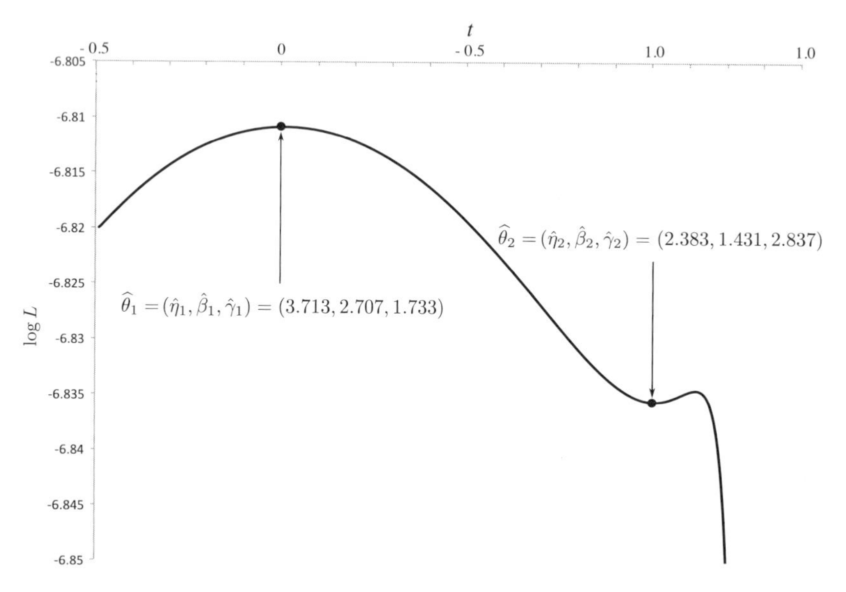

図 2.17　$\widehat{\theta}_1$ と $\widehat{\theta}_2$ を結んだ直線上での対数尤度

この例をみても，3 変数以上の関数の極値判定には困難がともなうとともに，極値判定法の重要性がわかる．

2.13.2　機械学習における正則化

工学では，力学問題を解くときには 3 次元までの問題がよく取り扱われている．しかし，**機械学習**や**データサイエンス**などの分野では，データ量が非常に多い場合を取り扱うことが増えてきた．多変数関数の最適化問題にもその影響が現れている．サンプル数を n，統計の数理モデルの未知パラメータ数を p とするとき，これまで，**線形回帰問題**などが解けるためには $n > p$ の条件が必要であった．しかし，現実問題を取り扱う場面では，未知パラメータ数が多くても少数のサンプルで解かなければならないこともある．これを $\boldsymbol{np}$ **問題**とよんでいる．

通常，方程式の数 n が未知数の数 p を下回る場合，問題は「不定問題」となり解くことができない．しかし，信号処理などの分野では，多数の信号源のなかには，まったく信号をださないものや，非常に微弱な信号しかださない場合も多く，この場合，そのような全体に影響を及ぼさない信号を除去して問題を解く方法が考えられた．しかし，どの信号がそれにあたるか，しらみつぶしに探すとなると，調べ上げる数は $\binom{n}{p}$，つまり，n が大きくなると指数関数的に増大する **NP 困難**[18]な問題になってきて，現実的には解くことができない．

また，n と p が比較的近いときなどでは，観測データに数理モデルがぴったりあてはまって，新しく観測されたデータを使って予測すると誤差が大きくて使えない**オーバーフィッティング**の問題も取り沙汰されるようになってきた．つまり，ぴったりと推定するよりも，予測に対して頑健なモデルのほうが好まれるようになってきた．そこで提案されたのが**正則化**[19]である．

正則化では，予測モデルから得られる目的変数と観測データとの乖離を多変数関数の最適化問題ととらえる．通常，2 つの値 (予測値と観測値) のあいだの 2 乗誤差を最小にするような評価関数が用いられるが，ここで，予測を頑健にするため，また，計算が現実的な時間内で終了できるように解きやすい**凸問題**に緩和したうえで最適化問題のモデルをつくっている．

具体的に説明しよう．関数

$$\boldsymbol{y} = f(\boldsymbol{x})$$

を考える，ここで，$\boldsymbol{x} = (x_1, \cdots, x_n)$，$\boldsymbol{y} = (y_1, \cdots, y_m)$ である．このとき，全体に影響を及ぼさない信号の数の最小数を求める問題は，

$$\min_{\boldsymbol{x}} \|\boldsymbol{x}\|_0 \quad (\text{ただし，} \boldsymbol{y} = f(\boldsymbol{x}))$$

の探索問題と定式化される．ここで，$\|\cdot\|_0$ は $\boldsymbol{l_0}$ **ノルム**[20]を表す．これは NP 困難な問題になるので，もとのモデルを確率誤差 $\boldsymbol{\varepsilon}$ を含むモデル

$$\boldsymbol{y} = f(\boldsymbol{x}) + \boldsymbol{\varepsilon}, \quad \boldsymbol{\varepsilon} \sim N(\boldsymbol{0}, \boldsymbol{\sigma}^2 \boldsymbol{I}_m)$$

に置き換え，最適化問題を

---

18) 問題 A* が **NP 困難** (NP hard) であるとは，NP クラスの任意の問題 A に対して，A は A* に多項式時間帰着可能であることをいう．なお，**NP クラス**とは，Non-deterministic Polynomial Time Turing Machine，つまり，多項式時間で決定的には解けない問題クラスのことをいう．

19) Regularization，予測の意味で最適なパラメータ探索を行う際に，対象とする最適化関数に**正則化項**を加えてパラメータ推定を行う方法のこと．文献 [9] を参照．

20) ここでの l_0 ノルムとは，0 でない $\boldsymbol{x}$ の数を意味する．ノルムについては付録 A に示す．

$$\min_{\boldsymbol{x}} \|\boldsymbol{x}\|_0 \quad (\text{ただし，} \|\boldsymbol{y} - f(\boldsymbol{x})\|_2 < \varepsilon)$$

の探索問題に緩和する．つまり，最適解に一番近い解を制約条件の下で探すことを考える．ここで，$\boldsymbol{\varepsilon} \sim N(\mathbf{0}, \boldsymbol{\sigma}^2 \boldsymbol{I}_m)$ は $\boldsymbol{\varepsilon}$ が正規分布 $N(\mathbf{0}, \boldsymbol{\sigma}^2 \boldsymbol{I}_m)$ に従うことを意味する．こうすることで，**しらみつぶし探索**は $O(k \log(n/k))$ の**オーダー**に激減する．ここで，k は 0 でない $\boldsymbol{x}$ の数，$\|\cdot\|_2$ は $\boldsymbol{l_2}$ **ノルム**を表し，$N(\mathbf{0}, \boldsymbol{\sigma}^2 \boldsymbol{I}_m)$ は平均 $\mathbf{0}$，分散 $\boldsymbol{\sigma}^2 \boldsymbol{I}_m$ の m 次元**正規分布**を表す．

さらに，(l_0 ノルムでは凸問題にならないので) 解きやすい凸問題に緩和するため，l_0 ノルムをそれに最も近い l_1 ノルムに置き換える．つまり，

$$\min_{\boldsymbol{x}} \|\boldsymbol{x}\|_1 \quad (\text{ただし，} \|\boldsymbol{y} - f(\boldsymbol{x})\|_2^2 < \nu)$$

とする．ここで，$\nu = \varepsilon^2$ である．

この制約条件付き最適化問題を，ラグランジュの乗数を使って制約条件なしの同等な問題に置き換えると

$$\min_{\boldsymbol{x}} \left\{ \|\boldsymbol{x}\|_1 + \frac{1}{2\lambda} \|\boldsymbol{y} - f(\boldsymbol{x})\|_2^2 \right\}$$

となる．ここで，2 つの項を入れ替えて，λ^2 をかけてみる．

$$\min_{\boldsymbol{x}} \left\{ \frac{1}{2} \|\boldsymbol{y} - f(\boldsymbol{x})\|_2^2 + \lambda \|\boldsymbol{x}\|_1 \right\}$$

これをもう一度制約条件なしの最適化問題に書き換えると

$$\min_{\boldsymbol{x}} \|\boldsymbol{y} - f(\boldsymbol{x})\|_2^2 \quad (\text{ただし，} \|\boldsymbol{x}\|_1 \leq t)$$

となり，これは，**ラッソ** (LASSO)[21]とよばれる最適化問題そのものである．

注意 2.5 (p.71) を再確認することで具体的なイメージが湧くであろう．

21) 文献 [12], [14] を参照．

第2章の章末問題

問1 $f(x, y) = e^{x+y}(\cos x + \sin y)$ とするとき，次の偏導関数を求めよ．

(1) $f_x(x, y)$

(2) $f_y(x, y)$

(3) $f_{xx}(x, y)$

(4) $f_{xy}(x, y)$

(5) $f_{yy}(x, y)$

問2 次の問いに答えよ．

(1) $z = f(x, y)$ のマクローリン展開の表現を記せ．

(2) $z = e^x \sin y$ の点 $(0, 0)$ における2次のテイラーの近似多項式を示せ．

問3 $a < 0$ とする．$f(x, y) = x^4 - 3ax^2y - y^3$ に関して次に答えよ．

(1) 極値をとる候補点をすべて求めよ．

(2) 極値をとる候補点でのデターミナント $D = \det \begin{pmatrix} f_{xx} & f_{xy} \\ f_{yx} & f_{yy} \end{pmatrix}$ をすべて求めよ．

(3) 極値をとる候補点での $f(x, y)$ の極値は極大値であるか極小値であるかすべて判定せよ．

問4 次の問いに答えよ．

(1) 2つの変数 x, y が $F(x, y) = 0$ の関係式を満たしているとき，$\dfrac{dy}{dx}$ を $F_x(x, y)$ と $F_y(x, y)$ を用いた式で表せ．

(2) $F(x, y) = 2x^2 - xy + y^2 - 1 = 0$ のとき，$\dfrac{dy}{dx}$ を求めよ．

問5 次の問いに答えよ．

(1) $x_1^2 + \cdots + x_m^2 = 1$ の条件下で，$\sqrt{x_1} + \cdots + \sqrt{x_m}$ の最大値と最小値を求めよ．ただし，$x_i \geq 0$ とする．

(2) $\sqrt{x_1} + \cdots + \sqrt{x_m} = 1$ $(x_i \geq 0)$ の条件下で，$x_1^2 + \cdots + x_m^2$ の最大値と最小値を求めよ．

3
多変数関数の積分

1 変数関数では，関数とその導関数との対応がわかっていれば，微分の逆演算を使って不定積分を行うことができ，微分積分学の基本定理から定積分の計算も行うことができた．一方，微小領域での長さとそこでの関数の値をかけた値をすべて足し合わせて，曲線 $y = f(x)$ と直線 $y = 0$，それに関数の端点での 2 直線 $x = a$，$x = b$ で囲まれる領域の面積 ($f(x) < 0$ では面積に負の値を許して) を定積分の値として求めることもできた (図 3.1 参照)．

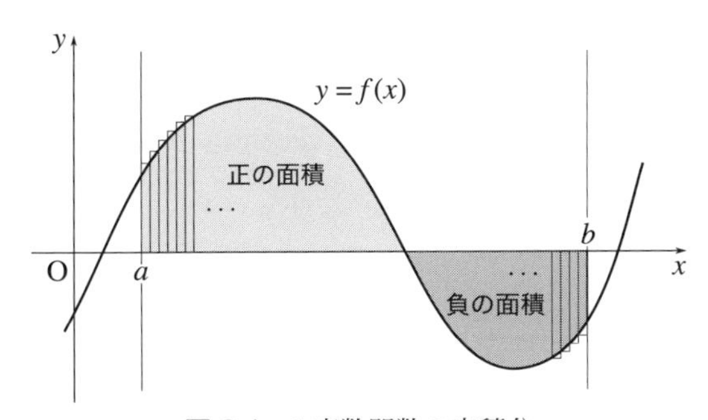

図 3.1　1 変数関数の定積分

しかし，2 次元領域での積分となると，定義域の形は矩形とは限らないし，偏導関数から同様な操作を行うことができるかどうかすぐにはわからない．そこで，多変数関数の積分も 1 変数関数で行ったような面積を求めることの拡張からはじめていく．微小区間の長さを微小領域での面積に置き換えて体積を求めていくことになる．

3.1 2 重 積 分

もっとも考えやすい 2 次元長方形 (矩形) の定義域での積分からはじめる．1 変数の場合の定義域が区間 $[a,b]$ であったことと同じように，xy 平面上の長方形領域

$$I=\{(x,y)\,|\,a\leq x\leq b,\ c\leq y\leq d\} \tag{3.1}$$

で定義された有界な関数 $f(x,y)$ を考えて，そこでの積分

$$\iint_I f(x,y)\,dxdy \tag{3.2}$$

を以下のように定義する．

図 3.2 に示すように，区間 $[a,b]$，区間 $[c,d]$ をそれぞれ

$$a=x_0<x_1<\cdots<x_m=b,$$
$$c=y_0<y_1<\cdots<y_n=d$$

のように，mn 個の微小領域

$$I_{jk}=\{(x,y)\,|\,x_{j-1}\leq x\leq x_j,\ y_{k-1}\leq y\leq y_k\}$$
$$(j=1,\cdots,m;\ k=1,\cdots,n)$$

に**分割**し，

$$\Delta x_j=x_j-x_{j-1},\quad \Delta y_k=y_k-y_{k-1}$$

とする．また，分割全体を $\Delta=\left(\Delta_{jk}\right)$ と書く．

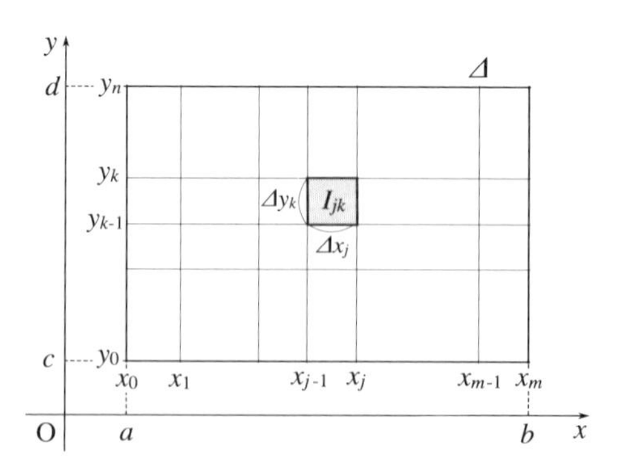

図 3.2 xy 平面上の長方形領域の分割 Δ

次に，図 3.3 に示すように，微小領域 I_{jk} での $f(x,y)$ の

$$上限を\ M_{jk} = \sup_{(x,y)\in I_{jk}} f(x,y),$$

$$下限を\ m_{jk} = \inf_{(x,y)\in I_{jk}} f(x,y)$$

とし，

$$S_\Delta(f) = \sum_{j=1}^{m}\sum_{k=1}^{n} M_{jk}\Delta x_j \Delta y_k, \tag{3.3}$$

$$s_\Delta(f) = \sum_{j=1}^{m}\sum_{k=1}^{n} m_{jk}\Delta x_j \Delta y_k \tag{3.4}$$

とする．このとき，$m_{jk} \leq M_{jk}$ なので，$s_\Delta(f) \leq S_\Delta(f)$ である．

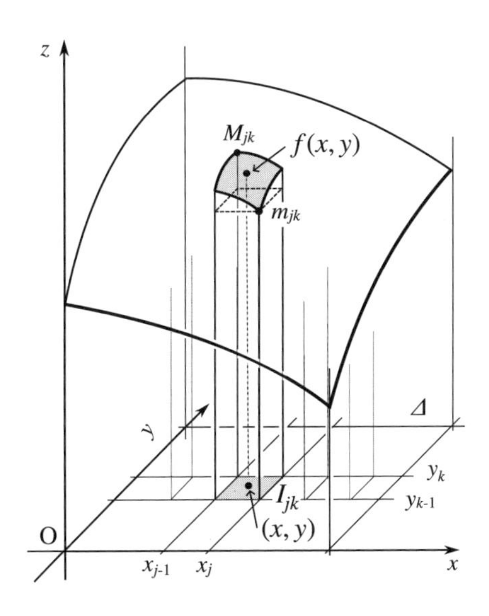

図 3.3　分割 Δ に対応する $f(x,y)$ の値

ここで，別の分割 Δ' を考え，Δ と Δ' を合わせてつくった分割を Δ'' とすると，

$$s_\Delta(f) \leq s_{\Delta''}(f) \leq S_{\Delta''}(f) \leq S_\Delta(f), \tag{3.5}$$

$$s_{\Delta'}(f) \leq s_{\Delta''}(f) \leq S_{\Delta''}(f) \leq S_{\Delta'}(f) \tag{3.6}$$

であるから，どのような分割 Δ と Δ' に対しても，常に $s_{\Delta'}(f) \leq S_\Delta(f)$ が成

り立つ.

$S_\Delta(f)$ の下限，$s_\Delta(f)$ の上限，すなわち

$$\overline{\iint_I} f(x,y)\,dxdy = \inf_\Delta S_\Delta(f), \tag{3.7}$$

$$\underline{\iint_I} f(x,y)\,dxdy = \sup_\Delta s_\Delta(f) \tag{3.8}$$

を，それぞれ f の**上積分**，**下積分**とよぶ．一般に，

$$\underline{\iint_I} f(x,y)\,dxdy \leq \overline{\iint_I} f(x,y)\,dxdy \tag{3.9}$$

であるが，この式の等号が成り立つとき，これらを

$$\iint_I f(x,y)\,dxdy$$

と書いて，f の**2 重積分**とよぶ.

これまでは f の定義域は矩形の領域であったが，一般の閉曲線で囲まれた領域 D の場合の積分については，以下の 2 つのアプローチが考えられる.

(i) 領域 D を含むような矩形領域 I で，領域 D を含む I_{jk} からつくられる微小領域それぞれにあらためて番号を与えて I_i とし，$D^+ = \bigcup I_i$ を定義し，また，領域 D に含まれる I_{jk} からつくられる微小領域それぞれにあらためて番号を与えて I_l とし，$D^- = \bigcup I_l$ を定義する．これらそれぞれをあらためて分割 Δ としたとき，D^+ で $S_\Delta(f) = s_\Delta(f)$ が成り立ち，D^- でも $S_\Delta(f) = s_\Delta(f)$ が成り立ち，両方の値が一致するときに $\displaystyle\iint_D f(x,y)\,dxdy$ を定義する.

図 3.4 に，閉曲線で囲まれた領域 D と D^+, D^- の関係を示す.

(ii) 領域 D を含むような矩形領域 I で，

$$f^*(x,y) = \begin{cases} f(x,y) & ((x,y) \in D), \\ \quad 0 & ((x,y) \in I - D) \end{cases} \tag{3.10}$$

によって関数 f^* を定義して，$S_\Delta(f^*) = s_\Delta(f^*)$ のとき，$\displaystyle\iint_D f(x,y)\,dxdy$ を定義する.

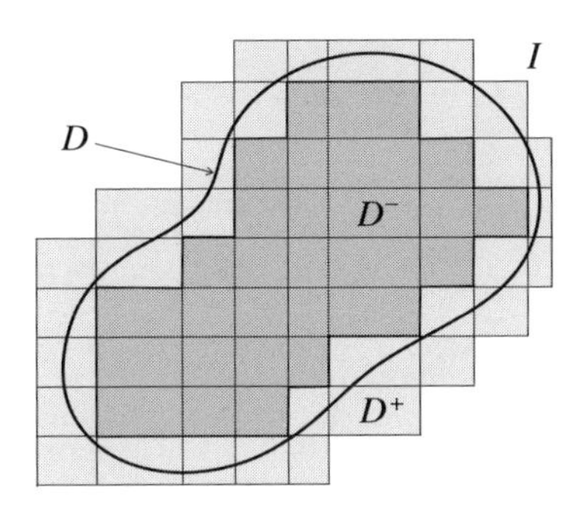

図 3.4　閉曲線で囲まれた領域 D と D^+, D^- の関係

微小領域の数え方を再定義する (i) か，関数を再定義する (ii) かのどちらかであるが，いずれのアプローチでも，矩形領域 I で用いた方法が閉曲線で囲まれた領域 D でも適用可能になっている．

例題 3.1． 領域

$$D = \{(x, y) \mid a \leq x \leq b,\ c \leq y \leq d\}$$

で定義された関数 $f(x, y) = x,\ g(x, y) = x^2$ の定積分

(1) $\displaystyle \iint_D f(x, y)\, dxdy = \iint_D x\, dxdy,$

(2) $\displaystyle \iint_D g(x, y)\, dxdy = \iint_D x^2\, dxdy$

を，分割を使った積分の定義に従って求めよ．

【解】　**(1)** $f(x, y) = x$ の積分から求める．

$$S_\Delta(f) = \sum_{j=1}^{m} \sum_{k=1}^{n} x_k (x_k - x_{k-1})(y_j - y_{j-1}),$$

$$s_\Delta(f) = \sum_{j=1}^{m} \sum_{k=1}^{n} x_{k-1} (x_k - x_{k-1})(y_j - y_{j-1})$$

である．小さい数 $\varepsilon > 0$ を決め，分割 Δ を，

$$\max\{x_k - x_{k-1},\ k = 1, \cdots, m\} < \varepsilon$$

となるようにつくる．

$$S_\Delta(f) - s_\Delta(f) = \sum_{j=1}^{m}\sum_{k=1}^{n}(x_k - x_{k-1})^2(y_j - y_{j-1})$$
$$\le \varepsilon^2(d-c)$$

なので，$S_\Delta(f) - s_\Delta(f) \to 0\ (\varepsilon \to 0)$ となる．ここで

$$\begin{aligned} T_\Delta(f) &= \frac{1}{2}(S_\Delta(f) + s_\Delta(f)) \\ &= \frac{1}{2}\sum_{j=1}^{m}\sum_{k=1}^{n}(x_k^2 - x_{k-1}^2)(y_j - y_{j-1}) \\ &= \frac{1}{2}\sum_{j=1}^{m}(b^2 - a^2)(y_j - y_{j-1}) = \frac{1}{2}(b^2 - a^2)(d-c) \end{aligned}$$

であるが，$s_\Delta(f) \le T_\Delta(f) \le S_\Delta(f)$ から，

$$\iint_D x\,dxdy = \frac{1}{2}(b^2 - a^2)(d-c)$$

となる．

(2) $g(x,y) = x^2$ の積分を求める．

$$T_\Delta(g) = \frac{1}{3}\bigl(S_\Delta(g)^2 + S_\Delta(g)s_\Delta(g) + s_\Delta(g)^2\bigr)$$

とすることで上と同様に求められ，

$$\iint_D x^2\,dxdy = \frac{1}{3}(b^3 - a^3)(d-c)$$

となる． □

積分では，微分のときのように関数 $f(x,y)$ の連続性のような条件が求められることはなく，次の例のように，不連続関数であっても有界であれば積分を求めることができる．

例題 3.2. 領域 $D = \{(x,y) \mid 0 \le x \le 1,\ 0 \le y \le 1\}$ で定義された次の関数

$$f(x,y) = \begin{cases} 1 & \left(x = \dfrac{1}{k+1},\ k = 1, \cdots\right), \\ 0 & (\text{その他}) \end{cases}$$

の定積分 $\displaystyle\iint_D f(x,y)\,dxdy$ を求めよ．

【解】 小さい数 $0 < \varepsilon < 1$ を決める．$x = \dfrac{1}{k+1}$ を含む $\Delta x_{k(j)}$ を，$x_{k(j)-1} \leq x \leq x_{k(j)}$ とするとき $|x_{k(j)} - x_{k(j)-1}| \leq \varepsilon^k$ となるように $x_{k(j)-1}, x_{k(j)}$ を決める．このとき，

$$S_\Delta(f) = \sum_{j=1}^{m}\sum_{k=1}^{n} M_{jk}\Delta x_j \Delta y_k \to 0 \quad (\varepsilon \to 0),$$

$$s_\Delta(f) = \sum_{j=1}^{m}\sum_{k=1}^{n} m_{jk}\Delta x_j \Delta y_k \to 0 \quad (\varepsilon \to 0)$$

となるので，$\displaystyle\iint_D f(x,y)\,dxdy = 0$ である． □

積分の定義から明らかであるが，積分は次の**線形性**を満たす．

定理 3.1.

$$\iint_D (f(x,y) + g(x,y))\,dxdy$$
$$= \iint_D f(x,y)\,dxdy + \iint_D g(x,y)\,dxdy, \tag{3.11}$$

$$\iint_D kf(x,y)\,dxdy = k\iint_D f(x,y)\,dxdy \quad (k \text{ は定数}) \tag{3.12}$$

が成立する．

上で示したような積分の定義に従って計算するのは計算が面倒に思える．もう少し計算を簡略化できないだろうか．そこで，次に累次積分という方法を示す．

3.2 累次積分

上記の例題を解いてみると，定義に従って積分していても，実際には，y を固定したまま x 軸方向の積分を行っていることに気がつく．このように，1 変数の積分を繰り返し行っていくことによって，多変数関数の積分を行うことができる．この方法を**累次積分**とよぶ．

積分する領域が矩形の場合から考える．領域

$$I = \{(x, y) \mid a \leq x \leq b,\ c \leq y \leq d\} \tag{3.13}$$

で定義された有界な関数 $f(x, y)$ を考える．x を固定したまま y の関数として $y = c$ から $y = d$ までの $f(x, y)$ の定積分が存在すると仮定する．いま，

$$\varphi(x) = \int_c^d f(x, y)\, dy \tag{3.14}$$

とする．さらに，$x = a$ から $x = b$ までの $\varphi(x)$ の定積分 $\displaystyle\int_a^b \varphi(x)\, dx$ が存在すると仮定する．このとき，2つの積分をあわせて，

$$\int_a^b \left(\int_c^d f(x, y)\, dy \right) dx \tag{3.15}$$

と書く．これを

$$\int_a^b dx \int_c^d f(x, y)\, dy, \quad \text{あるいは} \quad \int_a^b \int_c^d f(x, y)\, dydx$$

と書くこともある．

$f(x, y)$ が連続ならば $f(x, y)$ は閉区間で一様連続になり，x の値によらず $|f(x, y) - f(x', y)| < \varepsilon$ が成り立つので，$\varphi(x)$ は，

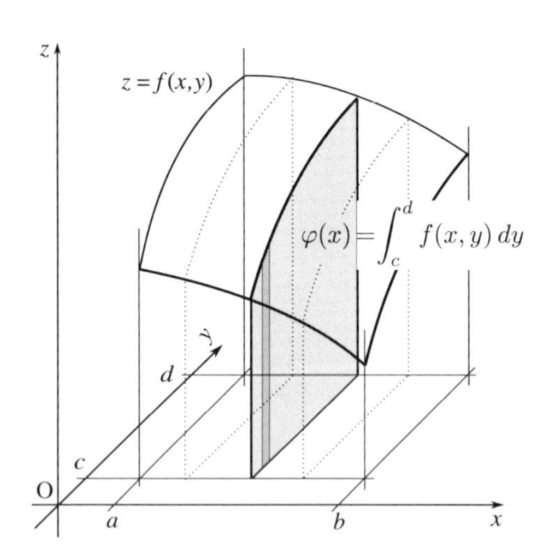

図 3.5　累次積分が行われている様子

$$|\varphi(x) - \varphi(x')| \leq \int_c^d |\{f(x,y) - f(x',y)\}| \, dy = \varepsilon(d-c) \tag{3.16}$$

を満たし，$\varphi(x)$ も一様連続になり，積分が存在する．

図 3.5 に，累次積分が行われている様子を示す．

$f(x,y)$ が連続でなくても有界ならば，上積分と下積分を用いることによって同様な性質が導かれる．つまり，次の定理が成立する．

定理 3.2. 領域

$$I = \{(x,y) \mid a \leq x \leq b,\ c \leq y \leq d\}$$

で定義された有界な関数 $f(x,y)$ の 2 重積分 $\iint_I f(x,y)\,dxdy$ が存在すれば，累次積分 $\int_a^b \left(\int_c^d f(x,y)\,dy\right)dx$, $\int_c^d \left(\int_a^b f(x,y)\,dx\right)dy$ も存在して，

$$\iint_I f(x,y)\,dxdy = \int_a^b \left(\int_c^d f(x,y)\,dy\right)dx \tag{3.17}$$

$$= \int_c^d \left(\int_a^b f(x,y)\,dx\right)dy \tag{3.18}$$

が成り立つ．

証明 まず，

$$\begin{aligned} S_\Delta(f) &= \sum_{j=1}^m \sum_{k=1}^n \sup_{(x,y)\in I_{jk}} f(x,y)\Delta x_j \Delta y_k \\ &= \sum_{j=1}^m \sum_{k=1}^n \sup_{x_{j-1}\leq x\leq x_j} \sup_{y_{k-1}\leq y\leq y_k} f(x,y)\Delta x_j \Delta y_k \\ &\geq \sum_{j=1}^m \sup_{x_{j-1}\leq x\leq x_j} \left(\sum_{k=1}^n \sup_{y_{k-1}\leq y\leq y_k} f(x,y)\Delta y_k\right)\Delta x_j. \end{aligned}$$

x を固定して $f(x,y)$ を y の関数と考えたときの上積分 $\overline{\int_c^d} f(x,y)\,dy$ は，

$$\overline{\int_c^d} f(x,y)\,dy = \inf\left(\sup_{y_{k-1}\leq y\leq y_k} f(x,y)\Delta y_k\right)$$

であるので，

$$S_\Delta(f) \geq \sum_{k=1}^{n} \sup_{x_{j-1} \leq x \leq x_j} \left(\overline{\int_c^d} f(x,y)\,dy \right) \Delta x_j .$$

一方，$\overline{\int_c^d} f(x,y)\,dy = \varphi(x)$ の上積分 $\overline{\int_a^b} \varphi(x)\,dx$ は

$$\overline{\int_a^b} \varphi(x)\,dx = \inf \left(\sup_{x_{j-1} \leq x \leq x_j} \varphi(x) \Delta x_j \right)$$

より，

$$\begin{aligned} S_\Delta(f) \geq \sup_{x_{j-1} \leq x \leq x_j} \varphi(x) \Delta x_j &\geq \overline{\int_a^b} \varphi(x)\,dx \\ &= \overline{\int_a^b} \left(\overline{\int_c^d} f(x,y)\,dy \right) dx \end{aligned}$$

となる．これから，

$$\overline{\iint_I} f(x,y)\,dxdy \geq \overline{\int_a^b} \left(\overline{\int_c^d} f(x,y)\,dy \right) dx$$

となる．同様に，下積分に対しても

$$\underline{\iint_I} f(x,y)\,dxdy \leq \underline{\int_a^b} \left(\underline{\int_a^b} f(x,y)\,dy \right) dx$$

が成立し，これら 2 つから，

$$\begin{aligned} \underline{\iint_I} f(x,y)\,dxdy &\leq \underline{\int_a^b} \left(\underline{\int_c^d} f(x,y)\,dy \right) dx \\ &\leq \overline{\int_a^b} \left(\overline{\int_c^d} f(x,y)\,dy \right) dx \\ &\leq \overline{\iint_I} f(x,y)\,dxdy \end{aligned}$$

となる．

ここで，

$$\underline{\int_a^b}\left(\underline{\int_c^d} f(x,y)\,dy\right)dx = \overline{\int_a^b}\left(\overline{\int_c^d} f(x,y)\,dy\right)dx$$

が成立するならば，これを

$$\int_a^b \left(\int_c^d f(x,y)\,dy\right)dx$$

と定義すれば，この (累次) 積分の存在が示されたことになる．

これまでの議論で，x と y の役割を交換すれば，

$$\int_c^d \left(\int_a^b f(x,y)\,dx\right)dy$$

の存在も示される． ■

ここで，y についての積分を行う際に，必ずしも端点 c と d は定数でなくてもよいことがわかる．そこで，端点を x の関数 $\psi_1(x)$ と $\psi_2(x)$ とに拡張して，このときの積分領域を D とすると，

$$\iint_D f(x,y)\,dxdy = \int_a^b \left(\int_{\psi_1(x)}^{\psi_2(x)} f(x,y)\,dy\right)dx \tag{3.19}$$

が定められる．

図 3.6 に，y が関数 $\psi_1(x)$ と $\psi_2(x)$ の間で定義されているときの累次積分の様子を示す．

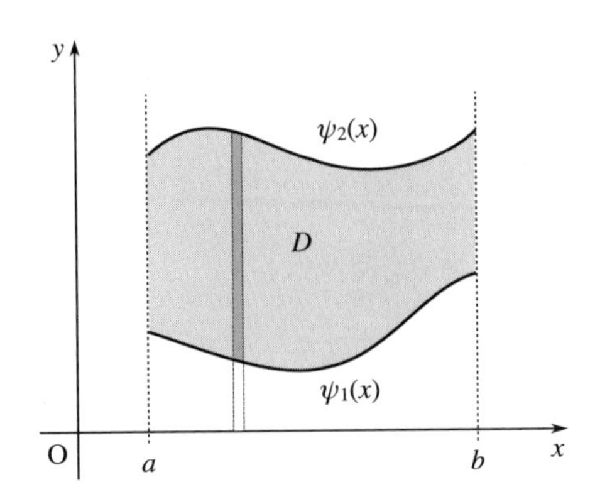

図 3.6 y が関数 $\psi_1(x)$ と $\psi_2(x)$ の間で定義されているときの累次積分の様子

例題 3.3. 次の定積分の値を求めよ.

(1) $\displaystyle \iint_D f(x,y)\,dxdy = \iint_D x^2y\,dxdy,$

$$D = \{(x,y)\,|\,1 \le x \le 2,\ 0 \le y \le 1\}$$

(2) $\displaystyle \iint_D (2x+5y)\,dxdy, \quad D = \{(x,y)\mid x+y \le 6,\ 0 \le y \le 2x\}$

【解】 **(1)**

$$\begin{aligned} \int_0^1 \left(\int_1^2 x^2y\,dx\right)dy &= \int_0^1 y\left(\int_1^2 x^2\,dx\right)dy \\ &= \left(\left[\frac{x^3}{3}\right]_1^2\right)\int_0^1 y\,dy \\ &= \frac{7}{3}\left(\left[\frac{y^2}{2}\right]_0^1\right) \\ &= \frac{7}{3}\cdot\frac{1}{2} = \frac{7}{6} \end{aligned}$$

(2) $\displaystyle D = \left\{(x,y)\mid 0 \le y \le 4,\ \frac{y}{2} \le x \le 6-y\right\}$ より,

$$\begin{aligned} \iint_D (2x+5y)\,dxdy &= \int_0^4 \int_{\frac{y}{2}}^{6-y} (2x+5y)\,dxdy \\ &= \int_0^4 \left[x^2+5xy\right]_{\frac{y}{2}}^{6-y} dy \\ &= \int_0^4 \left(-\frac{27}{4}y^2+18y+36\right)dy \\ &= 144. \end{aligned}$$

累次積分が行われている様子を図 3.7 に示す。 □

以上のように, 累次積分によってずいぶん計算が簡略化されたことがわかる.

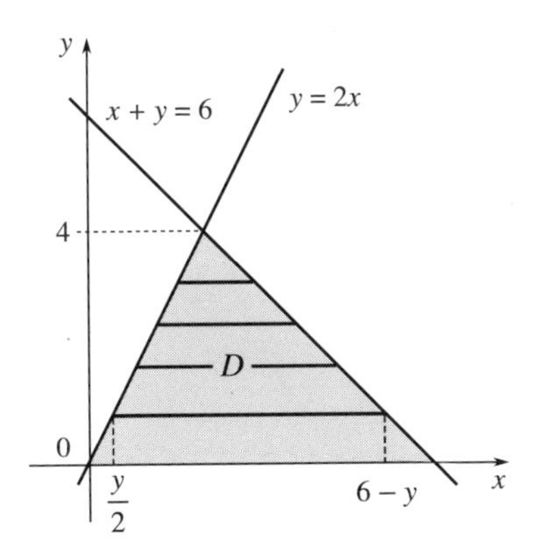

図 3.7 累次積分が行われている様子 (例 3.3 の (2))

●積分問題 1

関数 $f(x,y)=xy$ を領域 $D=\{(x,y)\,|\,x^2+y^2\leq 1,\ x\geq 0,\, y\geq 0\}$ で積分せよ.

誤答例　xy 空間のなかでは計算しにくそうにみえるので，変数変換によって積分領域を簡単な矩形に変更できないか考えてみた.

$$x=r\cos\theta,$$
$$y=r\sin\theta$$

のように，$r\theta$ 空間から xy 空間への変換を考えると，積分領域が

$$\left\{(r,\theta)\ |\ 0\leq r\leq 1,\, 0\leq\theta\leq\frac{\pi}{2}\right\}$$

のように累次積分の領域へと変わるので積分計算がしやすそうである.

$$xy=r^2\sin\theta\cos\theta$$

であるから，

$$\begin{aligned}\iint_D xy\,dxdy &= \int_0^{\frac{\pi}{2}}\int_0^1 r^2\sin\theta\cos\theta\,drd\theta\\ &= \left[\frac{r^3}{3}\right]_0^1\int_0^{\frac{\pi}{2}}\frac{1}{2}\sin 2\theta\,d\theta\\ &= \frac{1}{12}\Big[-\cos 2\theta\Big]_0^{\frac{\pi}{2}}=\frac{1}{6}\end{aligned}$$

と計算した.

しかし，これはマチガイである．どこが間違いなのかは極座標変換の節 (3.6 節) で説明しよう. □

3.3 変数変換

直交座標系での xy 空間で定義された関数 $f(x,y)$ の 2 重積分 $\iint_D f(x,y)\,dxdy$ を，極座標変換した $r\theta$ 空間で積分することを考えてみよう．この変換をしてまで積分する意味はどこにあるだろうか．例えば，xy 空間での円の内部を定義域とする関数を考えてみると，D の境界は座標軸に平行ではないため，これまでの累次積分で使った矩形領域

$$a \leq x \leq b, \quad c \leq y \leq d$$

での方法はそのままでは使えなくなる．一方，極座標変換により，$r\theta$ 空間では

$$0 \leq r \leq R, \quad 0 \leq \theta \leq 2\pi$$

のように矩形領域表現が可能になる．そこで，変換された空間で積分を行うと，累次積分のような計算法が使える利便性を享受できるというわけである.

図 3.8 に，xy 空間から $r\theta$ 空間への領域の変換の図を示す.

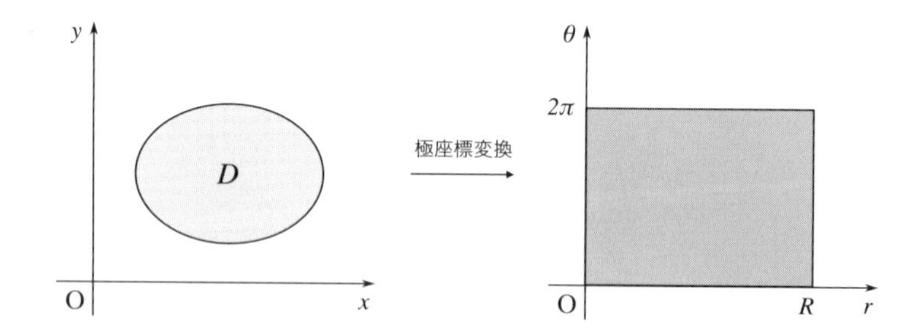

図 3.8 xy 空間から $r\theta$ 空間への領域の変換

1 変数関数では，x が u の関数 $g(u)$ であるとき，

$$\int f(x)\,dx = \int f(g(u))\frac{dg(u)}{du}\,du$$

というように積分計算を行っていた．このとき，x 変数での微小距離 dx は，u 変数では微小距離 du が $\dfrac{dg(u)}{du}$ 倍に拡大されている．では，2 変数関数ではこの変化はどうなるのだろうか．xy 平面で定義される関数 $f(x,y)$ の変数 x,y が，uv 平面で定義される関数 φ,ψ の関数

$$x = \varphi(u,v),\quad y = \psi(u,v)$$

によって変換されるとき，1 変数での $\dfrac{dg(u)}{du}$ は 2 変数のときにはどのような形になるのだろうか．

3.3.1 デターミナント (行列式)

多変数関数での変換の拡大率には，**デターミナント** (determinant) が深く関係している．デターミナントについての以下に示す定理 3.3 は重要である．

マトリクス A を m 次の**正方マトリクス**とする．まず，次を定義しておく．

定義 3.1. σ を $\{1,\cdots,m\}$ の**置換**とし，置換によって i は $\sigma(i)$ に写るとする．また，S_m をすべての $\{1,\cdots,m\}$ の置換の集合とする．

互換を，$\{1,\cdots,m\}$ のどれか 2 つだけが置き換わる置換とする．

sgn を，σ が (偶数回の互換で置換ができる) **偶置換**のとき $\mathrm{sgn}(\sigma)=1$，(奇数回の互換で置換ができる) **奇置換**のとき $\mathrm{sgn}(\sigma)=-1$ とする．

置換についての説明は「付録：ヤコビアンとデターミナント」を参照されたい．

定義 3.2. m 次元空間の一次独立なベクトル $\boldsymbol{v}_1,\cdots,\boldsymbol{v}_m \in \mathbb{R}^m$ が張る次の空間

$$P = \{a_1\boldsymbol{v}_1 + \cdots + a_m\boldsymbol{v}_m \mid 0 \leq a_1,\cdots,a_m \leq 1\} \tag{3.20}$$

を**平行長方体** (paralellepiped) と定義し，P の**符号付体積**を $\mathrm{vol}(P)$ とする．

定義 3.3. m 次元空間のベクトル $\boldsymbol{v}_1, \cdots, \boldsymbol{v}_m \in \mathbb{R}^m$ からつくられるマトリクス $A = \begin{pmatrix} \boldsymbol{v}_1 & \cdots & \boldsymbol{v}_m \end{pmatrix}$ から $\mathbb{R}$ への関数 ϕ は次の性質をもつものとして定義する.

(1) A のある行に別の行のスカラー倍を加えても $\phi(A)$ は変わらない (**多重線形性**).

(2) A のある行をスカラー k 倍すると $\phi(A)$ は k 倍になる.

(3) A の 2 つの行を入れ替えると $\phi(A)$ の符号が変わる.

(4) 単位マトリクス I_m に対し $\phi(I_m) = 1$ である.

このとき, 次の定理が成り立つ.

定理 3.3. A のデターミナントについて次の 3 つは同値である.

(1) $$\det(A) = \sum_{\sigma \in S_m} \mathrm{sgn}(\sigma) a_{1\sigma(1)} \cdots a_{m\sigma(m)} \tag{3.21}$$

(2) $$\det(A) = \mathrm{vol}(P) \tag{3.22}$$

(3) $$\det(A) = \phi(A) \tag{3.23}$$

証明は「付録：ヤコビアンとデターミナント」に示す.

3.3.2 線 形 変 換

uv 平面のベクトル $\boldsymbol{u} = (u_1, u_2)^\mathsf{T}$ が**線形変換** φ によって xy 平面のベクトル $\boldsymbol{x} = (x_1, x_2)^\mathsf{T}$ に線形に変換されたとする. つまり,

$$x_1 = au_1 + bu_2, \tag{3.24}$$

$$x_2 = cu_1 + du_2 \tag{3.25}$$

とする. ここに, a, b, c, d は定数である. マトリクス A を $A = \begin{pmatrix} a & b \\ c & d \end{pmatrix}$ とすれば, これは,

$$\boldsymbol{x} = A\boldsymbol{u}$$

と表される.

この変換によって，uv 平面の 4 点 $(0,0),(1,0),(0,1),(1,1)$ が xy 平面の 4 点 $(0,0),(a,c),(b,d),(a+c,b+d)$ に写ったとする．uv 平面の 4 点でつくられる正方形の面積は 1 であり，xy 平面の 4 点でつくられる平行四辺形の面積は $ad-bc$ になる．なぜなら，2 点 $(0,0),(a,c)$ でつくられるベクトル $\boldsymbol{\alpha}=(a,c)^{\mathsf{T}}$ と 2 点 $(0,0),(b,d)$ でつくられるベクトル $\boldsymbol{\beta}=(b,d)^{\mathsf{T}}$ によって張られる平行四辺形の面積 S は

$$\begin{aligned} S &= \|\boldsymbol{\alpha}\|\,\|\boldsymbol{\beta}\|\sin\theta \\ &= \sqrt{\|\boldsymbol{\alpha}\|^2\|\boldsymbol{\beta}\|^2-(\boldsymbol{\alpha}\cdot\boldsymbol{\beta})^2} \\ &= \sqrt{(a^2+c^2)(b^2+d^2)-(ac+bd)^2} \\ &= \sqrt{a^2d^2+b^2c^2-2abcd} \\ &= |ad-bc| \end{aligned} \tag{3.26}$$

だからである．ここで，$\boldsymbol{\alpha}\cdot\boldsymbol{\beta}$ は内積，$\|\cdot\|$ はベクトルの大きさである．この値 $ad-bc$ は，A のデターミナント $\det(A)$ の値になっている．つまり，面積 1 をもつ四辺形は線形変換 φ によって面積 $|ad-bc|$ をもつ四辺形に面積が拡大 (あるいは縮小) している．

図 3.9 に，線形変換 φ によって，uv 平面の単位面積が xy 平面で $S=|ad-bc|$ に変化していることを示す．

平行移動によって四辺形の面積は変わらないが，u 方向と v 方向の 1 辺の長さの変化 du_1, du_2 に比例して辺の長さが変わり，面積も変化するので，uv 平

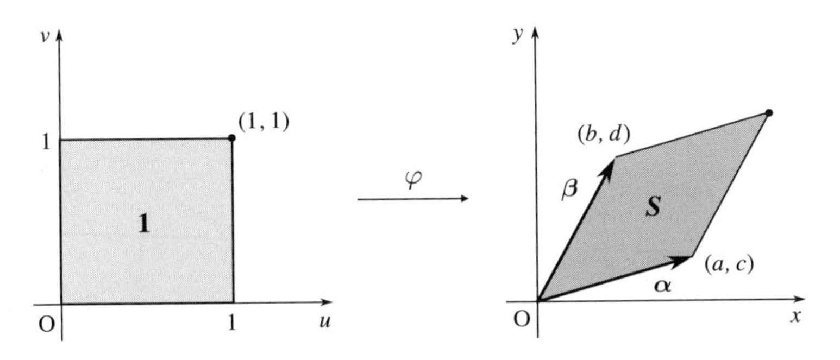

図 3.9 線形変換 φ による uv 平面から xy 平面への変換

面の 4 点

$$(u_1, u_2),\ (u_1 + du_1, u_2),\ (u_1, u_2 + du_2),\ (u_1 + du_1, u_2 + du_2)$$

の四辺形の面積 $du_1 du_2$ は，xy 平面の 4 点

$$(u_1, u_2),\ (u_1 + au_1, u_2 + cdu_2),\ (u_1 + bu_1, u_2 + du_2),$$
$$(u_1 + au_1 + bu_1, u_2 + cdu_2 + du_2)$$

の面積に写る．この面積の拡大率も上と同じ $ad - bc$ である．つまり，uv 平面の微小面積は，線形変換 A (同じことであるが φ) によって，xy 平面では面積が $\det(A)$ だけ拡大していることになる．

○例　図 3.10 に，$A = \begin{pmatrix} 3 & 1 \\ 2 & 2 \end{pmatrix}$ のときの線形変換の例を示す．左の図に示す l_1, l_2, l_∞ の図形は，l_1 ノルム，l_2 ノルム，l_∞ ノルムそれぞれを使ったときの

$$\|x\|_1 = 1,\quad \|x\|_2 = 1,\quad \|x\|_\infty = 1$$

それぞれの曲線が示されている．ここで l_∞ ノルムは，ベクトル $(x_1, x_2)^\top$ の大きさを

$$\lim_{p \to \infty} (\|x_1\|^p + \|x_2\|^p)^{1/p}$$

によって求めたものである．線形変換 A によって写った像が右の図に示されている．左図で，4 点 $(0,0), (1,0), (0,1), (1,1)$ で囲まれた正方形は，右図のよ

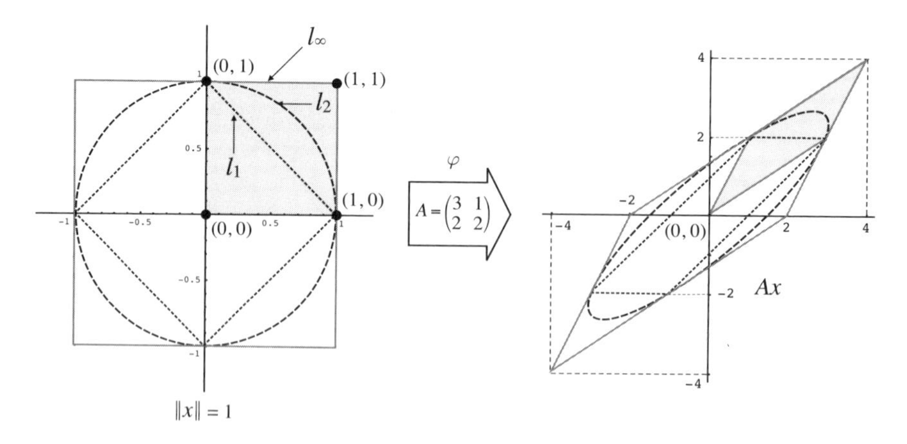

図 3.10　ノルムの大きさが 1 以下の領域が線形変換 φ によって変化する様子

うに平行四辺形になっている．そして，面積は

$$|ad - bc| = |3 \cdot 2 - 2 \cdot 1| = 4$$

倍に拡大されている．

左図の正方形は l_∞ での $\|x\|_\infty = 1$ の境界を示しているが，l_1, l_2, l_∞ の境界をみると，l_∞ ノルムだけでなく，どのノルムを使っても面積の拡大率は同じになっている．詳しくは，付録の「ヤコビアンとデターミナント」で説明するが，面積の拡大率は，変換マトリクス A の**特異値**をすべてかけたものになっている．このマトリクスの場合，2 つの特異値 λ は $\sqrt{9+\sqrt{65}}$ と $\sqrt{9-\sqrt{65}}$ であり，両者をかけると $\sqrt{81-65} = \sqrt{16} = 4$ となって，デターミナントの絶対値 $|\det(A)|$ と等しい． □

では次に，uv 平面の点が (線形とは限らない一般の) 関数 $\varphi(u,v)$，$\psi(u,v)$ によって xy 平面の点に写った場合にはどのようになるであろうか．直観的には，$\varphi(u,v), \psi(u,v)$ が線形写像に近似できれば，その近似を使って，上の線形変換のときの**面積拡大率**が使えそうである．そこで，テイラーの多項式近似

$$\varphi(u,v) - \varphi(u_0,v_0) \approx \left.\frac{\partial \varphi}{\partial u}\right|_{u_0,v_0}(u-u_0) + \left.\frac{\partial \varphi}{\partial v}\right|_{u_0,v_0}(v-v_0), \qquad (3.27)$$

$$\psi(u,v) - \psi(u_0,v_0) \approx \left.\frac{\partial \psi}{\partial u}\right|_{u_0,v_0}(u-u_0) + \left.\frac{\partial \psi}{\partial v}\right|_{u_0,v_0}(v-v_0) \qquad (3.28)$$

を使えば，拡大率は，

$$\left.\begin{pmatrix} \dfrac{\partial \varphi}{\partial u} & \dfrac{\partial \varphi}{\partial v} \\ \dfrac{\partial \psi}{\partial u} & \dfrac{\partial \psi}{\partial v} \end{pmatrix}\right|_{u_0,v_0} \qquad (3.29)$$

のデターミナントの絶対値になることが予想される．

例題 3.4. マトリクス A を $A = \begin{pmatrix} 3 & 1 \\ 1 & 3 \end{pmatrix}$ とするとき，A の固有値[1]を求めよ．また，$\det(A)$ を求めよ．さらに，2 つの固有値をかけたものは $\det(A)$ に等しくなっていることを確認せよ．

1) 付録に固有値と特異値について簡単に解説している．また，それらの計算法も示した．

【解】 このマトリクス A の固有値は，A の固有多項式

$$(3-\lambda)^2 - 1 = \lambda^2 - 6\lambda + 8$$

が 0 となる方程式を解くことによって求められる．方程式の根は，

$$(\lambda-4)(\lambda-2) = 0$$

から $\lambda = 4$，$\lambda = 2$ である．これら 2 つの固有値をかけたものは 8 であり，これは，

$$|\det(A)| = |3 \cdot 3 - 1 \cdot 1| = 8$$

に等しい． □

3.3.3 関数による変換

xy 平面で定義される関数 $f(x,y)$ の変数 x,y が，uv 平面で定義される関数 φ,ψ の関数 $x=\varphi(u,v)$, $y=\psi(u,v)$ によって変換されると仮定する．このとき，xy 平面での微小領域の面積は，それに対応する uv 平面で微小領域にある係数をかけたものに等しくなる．この係数は**変換マトリクス**

$$\begin{pmatrix} \dfrac{\partial x}{\partial u} & \dfrac{\partial x}{\partial v} \\ \dfrac{\partial y}{\partial u} & \dfrac{\partial y}{\partial v} \end{pmatrix} = \begin{pmatrix} \dfrac{\partial \varphi(u,v)}{\partial u} & \dfrac{\partial \varphi(u,v)}{\partial v} \\ \dfrac{\partial \psi(u,v)}{\partial u} & \dfrac{\partial \psi(u,v)}{\partial v} \end{pmatrix} \tag{3.30}$$

のデターミナントになっており，**ヤコビアン** J (Jacobian) とよばれていて，記号

$$J = \frac{\partial(x,y)}{\partial(u,v)} = \frac{\partial x}{\partial u}\frac{\partial y}{\partial v} - \frac{\partial x}{\partial v}\frac{\partial y}{\partial u} \tag{3.31}$$

で表される．$\begin{pmatrix} \frac{\partial x}{\partial u} & \frac{\partial x}{\partial v} \\ \frac{\partial y}{\partial u} & \frac{\partial y}{\partial v} \end{pmatrix}$ のデターミナントの絶対値は，

$$|J| = \left|\frac{\partial(x,y)}{\partial(u,v)}\right| = \left|\frac{\partial x}{\partial u}\frac{\partial y}{\partial v} - \frac{\partial x}{\partial v}\frac{\partial y}{\partial u}\right| \tag{3.32}$$

である．

次の定理が成立する．

定理 3.4. E を uv 平面上の有界閉領域，D を xy 平面上の有界閉領域とし，関数 φ, ψ を E の点を D の点に 1 対 1 に対応させる微分可能な関数とする．また，関数 $f(x,y)$ は D で定義された有界関数であり，その積分が存在すると仮定する．このとき

$$\iint_D f(x,y)\,dxdy = \iint_E f(\varphi(u,v),\psi(u,v))|J|\,dudv \qquad (3.33)$$

が成立する．ここで，$|J|$ はヤコビアンの絶対値である．

この定理の条件 (関数 φ, ψ は微分可能，関数 $f(x,y)$ は積分をもつ有界関数) のままで証明を行うのは少し煩雑なので，少し条件を強くした次の定理を示し，その証明を以下に行う．

定理 3.5. E を uv 平面上の有界閉領域，D を xy 平面上の有界閉領域とし，関数 φ, ψ を E の点を D の点に 1 対 1 に対応させる連続微分可能な関数とする．また，関数 $f(x,y)$ は D で定義された連続関数であると仮定する．このとき

$$\iint_D f(x,y)\,dxdy = \iint_E f(\varphi(u,v),\psi(u,v))|J|\,dudv \qquad (3.34)$$

が成立する．ここで，$|J|$ はヤコビアンの絶対値である．

証明　領域 E を

$$E_{jk} = \{(u,v) \mid u_{j-1} \leq u \leq u_j,\ v_{k-1} \leq v \leq v_k\}$$
$$(j=1,\cdots,n;\ k=1,\cdots,m)$$

によって長方形分割し，その領域が関数 φ, ψ によって変換される領域を D とする．

いま，1 つの微小領域 E_{jk} についての変換を考える．u,v がそれぞれ u_{j-1}, v_{k-1} から du, dv だけ変動したとき，φ, ψ によって x,y がそれぞれ x_{j-1}, y_{k-1} から dx, dy 動いたとすると，テイラー近似 (平均値の定理)[2] により，

2)　1 変数の微積分 [3], p.92 参照.

$$\varphi(u,v)-\varphi(u_{j-1},v_{k-1})$$
$$=\left.\frac{\partial\varphi}{\partial u}\right|_{u^*_{j-1},v^*_{k-1}}(u-u_{j-1})+\left.\frac{\partial\varphi}{\partial v}\right|_{u^*_{j-1},v^*_{k-1}}(v-v_{k-1}),$$
$$\psi(u,v)-\psi(u_{j-1},v_{k-1})$$
$$=\left.\frac{\partial\psi}{\partial u}\right|_{u^{**}_{j-1},v^{**}_{k-1}}(u-u_{j-1})+\left.\frac{\partial\psi}{\partial v}\right|_{u^{**}_{j-1},v^{**}_{k-1}}(v-v_{k-1})$$

となる $u^*_{j-1},v^*_{k-1},u^{**}_{j-1},v^{**}_{k-1}$ が存在する．ただし，

$$u_{j-1}\le u^*_{j-1}\le u_j,\qquad v_{k-1}\le u^*_{k-1}\le v_k,$$
$$u_{j-1}\le u^{**}_{j-1}\le u_j,\qquad v_{k-1}\le u^{**}_{k-1}\le v_k$$

である．

φ,ψ は連続微分可能な関数であるから，$\dfrac{\partial\varphi}{\partial u}$，$\dfrac{\partial\varphi}{\partial v}$，$\dfrac{\partial\psi}{\partial u}$，$\dfrac{\partial\psi}{\partial v}$ は一様連続になるので，$\varepsilon>0$ を十分小さくとっておけば，上の 2 式は，

$$\varphi(u,v)-\varphi(u_{j-1},v_{k-1})$$
$$\approx\left.\frac{\partial\varphi}{\partial u}\right|_{u_{j-1},v_{k-1}}(u-u_{j-1})+\left.\frac{\partial\varphi}{\partial v}\right|_{u_{j-1},v_{k-1}}(v-v_{k-1}),$$
$$\psi(u,v)-\psi(u_{j-1},v_{k-1})$$
$$\approx\left.\frac{\partial\psi}{\partial u}\right|_{u_{j-1},v_{k-1}}(u-u_{j-1})+\left.\frac{\partial\psi}{\partial v}\right|_{u_{j-1},v_{k-1}}(v-v_{k-1})$$

のように近似できる．つまり，

$$dx\approx\left.\frac{\partial x}{\partial u}\right|_{u_{j-1},v_{k-1}}(u-u_{j-1})+\left.\frac{\partial x}{\partial v}\right|_{u_{j-1},v_{k-1}}(v-v_{k-1}),$$
$$dy\approx\left.\frac{\partial y}{\partial u}\right|_{u_{j-1},v_{k-1}}(u-u_{j-1})+\left.\frac{\partial y}{\partial v}\right|_{u_{j-1},v_{k-1}}(v-v_{k-1})$$

と書くことができる．これは線形変換の形になっているので，uv 平面での微小面積が xy 平面での微小面積に拡大されるとき，先に求めておいた拡大率を使うことができて，それは，

$$\left.\begin{pmatrix}\dfrac{\partial\varphi}{\partial u} & \dfrac{\partial\varphi}{\partial v}\\ \dfrac{\partial\psi}{\partial u} & \dfrac{\partial\psi}{\partial v}\end{pmatrix}\right|_{u,v}$$

のデターミナントの絶対値

$$|J| = \left|\frac{\partial x}{\partial u}\frac{\partial y}{\partial v} - \frac{\partial x}{\partial v}\frac{\partial y}{\partial u}\right|$$

になる. ■

例題 3.5. 楕円 $\dfrac{x^2}{a^2} + \dfrac{y^2}{b^2} = 1$ で囲まれた図形の面積を求めよ.

【解】 変換

$$\begin{cases} x = \varphi(u,v) = au, \\ y = \psi(u,v) = bv \end{cases}$$

によって uv 空間から xy 空間に変換する. 変換マトリクス A は

$$A = \begin{pmatrix} \dfrac{\partial x}{\partial u} & \dfrac{\partial x}{\partial v} \\ \dfrac{\partial y}{\partial u} & \dfrac{\partial y}{\partial v} \end{pmatrix} = \begin{pmatrix} a & 0 \\ 0 & b \end{pmatrix}$$

となり, このヤコビアン J は ab なので,

$$\iint 1 \cdot dxdy = \iint 1 \cdot ab\, dudv = \pi ab.$$

□

3.4　広 義 積 分

1 変数関数のとき, $[a,b]$ のような閉区間における定積分を, $[a,\infty)$, $(-\infty,b]$, $(-\infty,\infty)$ など閉区間ではない区間でも積分を考えることができるように拡張した積分を考え, これを**広義積分**[3)]と定義した. 多変数関数でも, 1 変数関数のときと同じように, 面積をもつ有界閉領域だけではなく拡張した領域でも積分ができるように広義積分を定義することができる.

D を多次元空間の領域とする. 体積をもつ有界閉領域の列 $\{D_n\}$ が 2 つの条件

(i) $D_1 \subset D_2 \subset \cdots \subset D$,

3) 1 変数の微積分 [3], p.175 参照.

(ii) D に含まれるどんな有界閉領域 K も，ある自然数 N に対して $K \subset D_N$ となる

を満たすとき，$\{D_n\}$ を D の**近似列**という．

2 変数関数のときの広義積分の定義をしよう．

定義 3.4. D を平面の領域，$f(x,y)$ を D で定義された関数とする．$f(x,y)$ は各 D_n 上で積分可能であり，どのように D の近似列 $\{D_n\}$ をとってきても，近似列のとり方によらない有限な極限

$$I = \lim_{n\to\infty} \iint_{D_n} f(x,y)\,dxdy \tag{3.35}$$

が存在するとき，$f(x,y)$ は D 上**広義 2 重積分可能**である，または，$f(x,y)$ の広義 2 重積分は**収束する**と定義する．このとき，I を $f(x,y)$ の D 上**広義 2 重積分**といい，

$$I = \iint_D f(x,y)\,dxdy \tag{3.36}$$

で表す．

例題 3.6. 積分領域を

$$D = \{(x,y) \mid 0 \leq x \leq y \leq 1,\ y > 0\}$$

とするとき，関数 $\dfrac{2x}{x^2+y^2}$ の広義積分 $\displaystyle\iint_D \frac{2x}{x^2+y^2}\,dxdy$ を求めよ．

【解】 D で $\dfrac{2x}{x^2+y^2} \geq 0$，また，

$$D_n = \left\{(x,y) \mid \frac{1}{n} \leq y \leq 1,\ 0 \leq x \leq y\right\}$$

とすると，$\{D_n\}$ は D の近似列である．したがって，

$$\begin{aligned}
I_n &= \iint_{D_n} \frac{2x}{x^2+y^2}\,dxdy \\
&= \int_{\frac{1}{n}}^1 \left(\int_0^y \frac{2x}{x^2+y^2}dx\right) dy \\
&= \int_{\frac{1}{n}}^1 \Big[\log(x^2+y^2)\Big]_0^y dy = \int_{\frac{1}{n}}^1 (\log(2y^2) - \log y^2)\,dy
\end{aligned}$$

$$= \int_{\frac{1}{n}}^{1} \log 2 \, dy = \left(1 - \frac{1}{n}\right) \log 2.$$

ここで，$\lim_{n\to\infty} I_n = \log 2$ であるから，$\iint_D \frac{2x}{x^2+y^2}\, dxdy = \log 2.$ □

他の例は，3.7.1 項「標準正規分布の密度関数の積分」で紹介される．

3.5　3 重 積 分

2 重積分を行うとき 2 変数関数で定義したような分割は，**3 重積分**でも自然な拡張によってつくられる．この分割に対して $m_\Delta(f)$，$M_\Delta(f)$ が 2 変数関数と同様に定義され，また，上積分，下積分も定義される．

xyz 空間内の直方体領域

$$I = \{(x, y, z) \mid a \leq x \leq b,\ p \leq y \leq q,\ r \leq z \leq s\} \tag{3.37}$$

で定義された有界な関数 $f(x, y, z)$ を考えて，そこでの積分

$$\iiint_I f(x, y, z)\, dxdydz \tag{3.38}$$

を考える．

区間 $[a, b]$，区間 $[p, q]$，区間 $[r, s]$ を

$$a = x_0 < x_1 < \cdots < x_m = b,$$
$$p = y_0 < y_1 < \cdots < y_n = q,$$
$$r = z_0 < z_1 < \cdots < z_l = s$$

のように，mnl 個の微小領域

$$I_{jkt} = \{(x, y, z) \,|\, x_{j-1} \leq x \leq x_j,\ y_{k-1} \leq y \leq y_k,\ z_{t-1} \leq z \leq z_t\}$$
$$(j = 1, \cdots, m;\ k = 1, \cdots, n;\ t = 1, \cdots, l)$$

に分割し，

$$\Delta x_j = x_j - x_{j-1},\quad \Delta y_k = y_k - y_{k-1},\quad \Delta z_t = z_t - z_{t-1}$$

とする．また，分割全体を Δ と書く．

微小領域 I_{jkt} での $f(x,y,z)$ の

$$\text{上限を } M_{jkt} = \sup_{(x,y,z)\in I_{jkt}} f(x,y,z),$$

$$\text{下限を } m_{jkt} = \inf_{(x,y,z)\in I_{jkt}} f(x,y,z)$$

とし,

$$S_\Delta(f) = \sum_{j=1}^{m}\sum_{k=1}^{n}\sum_{t=1}^{l} M_{jkt}\Delta x_j \Delta y_k \Delta z_t, \tag{3.39}$$

$$s_\Delta(f) = \sum_{j=1}^{m}\sum_{k=1}^{n}\sum_{t=1}^{l} m_{jkt}\Delta x_j \Delta y_k \Delta z_t \tag{3.40}$$

とする．このとき，$m_{jkt} \leq M_{jkt}$ なので，$s_\Delta(f) \leq S_\Delta(f)$ である．

$S_\Delta(f)$ の下限，$s_\Delta(f)$ の上限，すなわち，

$$\overline{\iiint_I} f(x,y,z)\,dxdydz = \inf_{\Delta} S_\Delta(f), \tag{3.41}$$

$$\underline{\iiint_I} f(x,y,z)\,dxdydz = \sup_{\Delta} s_\Delta(f) \tag{3.42}$$

を，それぞれ f の**上積分**，**下積分**とよぶ．一般に，

$$\underline{\iiint_I} f(x,y,z)\,dxdydz \leq \overline{\iiint_I} f(x,y,z)\,dxdydz \tag{3.43}$$

であるが，等号が成り立つとき，これらを

$$\iiint_I f(x,y,z)\,dxdydz$$

と書いて，f の **3 重積分**とよぶ．

例題 3.7. 領域

$$D = \{(x,y,z) \mid a \leq x \leq b,\ p \leq y \leq q,\ r \leq z \leq s\}$$

で定義された関数 $f(x,y,z) = xy$ の定積分

$$\iint_D f(x,y,z)\,dxdydz = \iint_D xy\,dxdydz$$

を，分割を使った積分の定義に従って求めよ．

【解】

$$S_\Delta(f) = \sum_{j=1}^{m}\sum_{k=1}^{n}\sum_{t=1}^{l} x_j y_k (x_j - x_{j-1})(y_k - y_{k-1})(z_t - z_{t-1}),$$

$$s_\Delta(f) = \sum_{j=1}^{m}\sum_{k=1}^{n}\sum_{t=1}^{l} x_{j-1} y_{k-1} (x_j - x_{j-1})(y_k - y_{k-1})(z_t - z_{t-1})$$

である．小さい数 $\varepsilon > 0$ を決め，分割 Δ を

$$\max\{x_j - x_{j-1},\ y_k - y_{k-1},\ j = 1, \cdots, m;\ k = 1, \cdots, n\} < \varepsilon$$

となるようにつくる．

$$\begin{aligned}
&S_\Delta(f) - s_\Delta(f) \\
&= \sum_{j=1}^{m}\sum_{k=1}^{n}\sum_{t=1}^{l} (x_j y_k - x_{j-1} y_{k-1})(x_j - x_{j-1})(y_k - y_{k-1})(z_t - z_{t-1}) \\
&= \sum_{j=1}^{m}\sum_{k=1}^{n}\sum_{t=1}^{l} \{(x_j - x_{j-1}) y_k + x_{j-1} y_k + x_{j-1}(y_k - y_{k-1}) - x_{j-1} y_k\} \\
&\qquad \times (x_j - x_{j-1})(y_k - y_{k-1})(z_t - z_{t-1}) \\
&\le \sum_{j=1}^{m}\sum_{k=1}^{n}\sum_{t=1}^{l} \varepsilon (y_k + x_{j-1})(x_j - x_{j-1})(y_k - y_{k-1})(z_t - z_{t-1}) \\
&\le \varepsilon (b + q)(b - a)(q - p)(s - r)
\end{aligned}$$

なので，$S_\Delta(f) - s_\Delta(f) \to 0\ (\varepsilon \to 0)$ となる．

$$\begin{aligned}
T_\Delta(f) = \frac{1}{4} \sum_{j=1}^{m}\sum_{k=1}^{n}\sum_{t=1}^{l} &(x_j y_k + x_{j-1} y_k + x_j y_{k-1} + x_{j-1} y_{k-1}) \\
&\times (x_j - x_{j-1})(y_k - y_{k-1})(z_t - z_{t-1})
\end{aligned}$$

をつくると

$$\begin{aligned}
T_\Delta(f) &= \frac{1}{4} \sum_{j=1}^{m}\sum_{k=1}^{n}\sum_{t=1}^{l} \{(x_j^2 - x_{j-1}^2) y_k^2 - (x_j^2 - x_{j-1}^2) y_{k-1}^2 \\
&\qquad + (x_j^2 - x_{j-1}^2) y_k y_{k-1} - (x_j^2 - x_{j-1}^2) y_k y_{k-1}\}(z_t - z_{t-1}) \\
&= \frac{1}{4} \sum_{j=1}^{m}\sum_{k=1}^{n}\sum_{t=1}^{l} (x_j^2 - x_{j-1}^2)(y_k^2 - y_{k-1}^2)(z_t - z_{t-1}) \\
&= \frac{1}{4} \sum_{j=1}^{m} (x_j^2 - x_{j-1}^2) \sum_{k=1}^{n} (y_k^2 - y_{k-1}^2) \sum_{t=1}^{l} (z_t - z_{t-1})
\end{aligned}$$

$$= \frac{1}{4}(b^2 - a^2)(q^2 - p^2)(r - s)$$

であるが，$S_\Delta(f) \leq T_\Delta(f) \leq s_\Delta(f)$ から，

$$\iint_D xy\,dxdy = \frac{1}{4}(b^2 - a^2)(q^2 - p^2)(r - s)$$

となる． □

例題 3.8. 領域

$$D = \left\{(x, y, z) \mid 0 \leq x \leq \frac{\pi}{2},\ 0 \leq y \leq \frac{\pi}{2},\ 0 \leq z \leq \frac{\pi}{2}\right\}$$

で定義された関数 $f(x, y, z) = \sin(x + y + z)$ の定積分を求めよ．

【解】 $\displaystyle\int_0^{\frac{\pi}{2}}\int_0^{\frac{\pi}{2}}\int_0^{\frac{\pi}{2}} \sin(x + y + z)\,dxdydz$

$$= \int_0^{\frac{\pi}{2}}\int_0^{\frac{\pi}{2}}\left(\int_0^{\frac{\pi}{2}} \sin(x + y + z)\,dx\right)dydz$$

$$= \int_0^{\frac{\pi}{2}}\int_0^{\frac{\pi}{2}}\Big[-\cos(x + y + z)\Big]_0^{\frac{\pi}{2}}dydz$$

$$= \int_0^{\frac{\pi}{2}}\int_0^{\frac{\pi}{2}}\left(-\cos\left(\frac{\pi}{2} + y + z\right) + \cos(y + z)\right)dydz$$

$$= \int_0^{\frac{\pi}{2}}\left[-\sin\left(\frac{\pi}{2} + y + z\right) + \sin(y + z)\right]_0^{\frac{\pi}{2}}dz$$

$$= \int_0^{\frac{\pi}{2}}\left(-\sin\left(\frac{\pi}{2} + \frac{\pi}{2} + z\right) + \sin\left(\frac{\pi}{2} + z\right) + \sin\left(\frac{\pi}{2} + z\right) - \sin z\right)dz$$

$$= \left[\cos\left(\frac{\pi}{2} + \frac{\pi}{2} + z\right) - \cos\left(\frac{\pi}{2} + z\right) - \cos\left(\frac{\pi}{2} + z\right) + \cos z\right]_0^{\frac{\pi}{2}}$$

$$= \left(\cos\left(\frac{\pi}{2} + \frac{\pi}{2} + \frac{\pi}{2}\right) - \cos\left(\frac{\pi}{2} + \frac{\pi}{2}\right) - \cos\left(\frac{\pi}{2} + \frac{\pi}{2}\right) + \cos\frac{\pi}{2}\right)$$

$$- \left(\cos\left(\frac{\pi}{2} + \frac{\pi}{2}\right) - \cos\frac{\pi}{2} - \cos\frac{\pi}{2} + \cos 0\right)$$

$$= 2$$

□

3 重積分において，(u, v, w) から (x, y, z) への**変数変換**を行うときの体積の拡大率はどうなるのだろう．2 変数のときと同じように，テイラーの近似多項式 (平均値の定理) を使うことを考えると，

$$
\begin{aligned}
x &= \varphi(u, v, w), \\
y &= \psi(u, v, w), \\
z &= \xi(u, v, w)
\end{aligned}
\tag{3.44}
$$

のとき，

$$
\begin{aligned}
\varphi(u, v, w) = \varphi(u_{j-1}, v_{k-1}, w_{t-1}) &+ \left.\frac{\partial \varphi}{\partial u}\right|_{u^*_{j-1}, v^*_{k-1}, w^*_{t-1}} (u - u_{j-1}) \\
&+ \left.\frac{\partial \varphi}{\partial v}\right|_{u^*_{j-1}, v^*_{k-1}, w^*_{t-1}} (v - v_{k-1}) \\
&+ \left.\frac{\partial \varphi}{\partial w}\right|_{u^*_{j-1}, v^*_{k-1}, w^*_{t-1}} (w - w_{t-1}),
\end{aligned}
\tag{3.45}
$$

$$
\begin{aligned}
\psi(u, v, w) = \psi(u_{j-1}, v_{k-1}, w_{t-1}) &+ \left.\frac{\partial \psi}{\partial u}\right|_{u^{**}_{j-1}, v^{**}_{k-1}, w^{**}_{t-1}} (u - u_{j-1}) \\
&+ \left.\frac{\partial \psi}{\partial v}\right|_{u^{**}_{j-1}, v^{**}_{k-1}, w^{**}_{t-1}} (v - v_{k-1}) \\
&+ \left.\frac{\partial \psi}{\partial w}\right|_{u^{**}_{j-1}, v^{**}_{k-1}, w^{**}_{t-1}} (w - w_{t-1}),
\end{aligned}
\tag{3.46}
$$

$$
\begin{aligned}
\xi(u, v, w) = \xi(u_{j-1}, v_{k-1}, w_{t-1}) &+ \left.\frac{\partial \xi}{\partial u}\right|_{u^{***}_{j-1}, v^{***}_{k-1}, w^{***}_{t-1}} (u - u_{j-1}) \\
&+ \left.\frac{\partial \xi}{\partial v}\right|_{u^{***}_{j-1}, v^{***}_{k-1}, w^{***}_{t-1}} (v - v_{k-1}) \\
&+ \left.\frac{\partial \xi}{\partial w}\right|_{u^{***}_{j-1}, v^{***}_{k-1}, w^{***}_{t-1}} (w - w_{t-1})
\end{aligned}
\tag{3.47}
$$

となる $u^*_{j-1}, v^*_{k-1}, w^*_{t-1}$，$u^{**}_{j-1}, v^{**}_{k-1}, w^{**}_{t-1}$，$u^{***}_{j-1}, v^{***}_{k-1}, w^{***}_{t-1}$ が存在する．

ただし，

$$u_{j-1} \leq u_{j-1}^{*} \leq u_j, \quad v_{k-1} \leq v_{k-1}^{*} \leq v_k, \quad w_{t-1} \leq w_{t-1}^{*} \leq w_t,$$

$$u_{j-1} \leq u_{j-1}^{**} \leq u_j, \quad v_{k-1} \leq v_{k-1}^{**} \leq v_k, \quad w_{t-1} \leq w_{t-1}^{**} \leq w_t,$$

$$u_{j-1} \leq u_{j-1}^{***} \leq u_j, \quad v_{k-1} \leq v_{k-1}^{***} \leq v_k, \quad w_{t-1} \leq w_{t-1}^{***} \leq w_t$$

となるので，**体積拡大率**は，マトリクス

$$J = \begin{pmatrix} \dfrac{\partial x}{\partial u} & \dfrac{\partial x}{\partial v} & \dfrac{\partial x}{\partial w} \\ \dfrac{\partial y}{\partial u} & \dfrac{\partial y}{\partial v} & \dfrac{\partial y}{\partial w} \\ \dfrac{\partial z}{\partial u} & \dfrac{\partial z}{\partial v} & \dfrac{\partial z}{\partial w} \end{pmatrix} \tag{3.48}$$

のデターミナント $\det(J)$ の絶対値 $|\det(J)|$ になる．

一般に，3 次正方マトリクスを $A = \begin{pmatrix} a_{11} & a_{12} & a_{13} \\ a_{21} & a_{22} & a_{23} \\ a_{31} & a_{32} & a_{33} \end{pmatrix}$ とするとき，そのデターミナント $\det(A)$ は

$$\begin{aligned} \det(A) = a_{11}a_{22}a_{33} + a_{12}a_{23}a_{31} + a_{13}a_{21}a_{32} \\ - a_{11}a_{23}a_{32} - a_{12}a_{21}a_{33} - a_{13}a_{22}a_{31} \end{aligned} \tag{3.49}$$

と定義される．また，3 つの独立なベクトル $\boldsymbol{a}_1, \boldsymbol{a}_2, \boldsymbol{a}_3$ からつくられる 3 次正方マトリクス $A = \begin{pmatrix} \boldsymbol{a}_1 & \boldsymbol{a}_2 & \boldsymbol{a}_3 \end{pmatrix}$ に対しては

$$\left(\boldsymbol{a}_1 \times \boldsymbol{a}_2, \boldsymbol{a}_3\right) = \det\begin{pmatrix} \boldsymbol{a}_1 & \boldsymbol{a}_2 & \boldsymbol{a}_3 \end{pmatrix} \tag{3.50}$$

が成立する．このことから，デターミナント

$$\det(A) = \det\begin{pmatrix} \boldsymbol{a}_1 & \boldsymbol{a}_2 & \boldsymbol{a}_3 \end{pmatrix}$$

は $\boldsymbol{a}_1$，$\boldsymbol{a}_2$，$\boldsymbol{a}_3$ が張る平行六面体の体積に等しいことがわかる．ここで，$\boldsymbol{a}_1 \times \boldsymbol{a}_2$ はベクトル $\boldsymbol{a}_1, \boldsymbol{a}_2$ の外積である．

したがって，3 変数での変換マトリクス J からつくられる $\det(J)$ の絶対値 $|\det(J)|$ は，体積の拡大率になっている．

図 3.11 に，ベクトル $\boldsymbol{a}_1, \boldsymbol{a}_2, \boldsymbol{a}_3$ が張る平行六面体の図を示す．

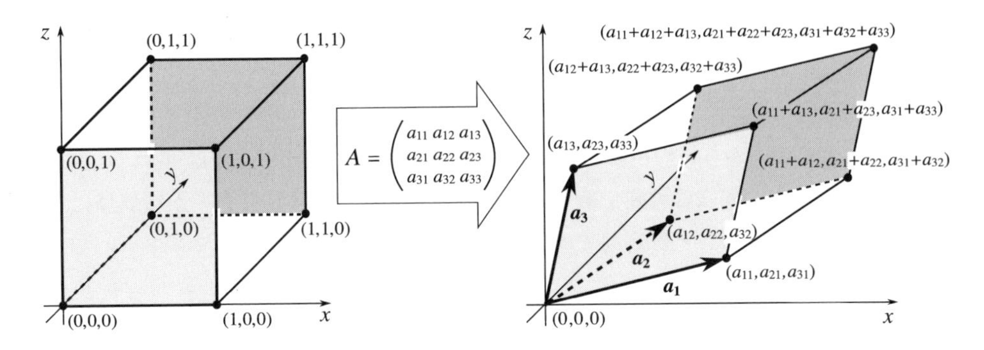

図 3.11　ベクトル $\boldsymbol{a}_1, \boldsymbol{a}_2, \boldsymbol{a}_3$ が張る平行六面体

これまで，2 次元や 3 次元空間での変換による拡大率は $\det(A)$ の絶対値で表されるという説明にはベクトルを使って示していたが，4 次元以上にもこの方法を使うとなると説明が面倒になる．先に示した，デターミナントの 3 つの定義が同値であるという定理 3.3 では，$\det(A)$ が変換の拡大率になっているので，4 次元以上ではこの定理に従う．しかしながら，先に変換 A が 2 次元の場合の l_2 ノルムの変化をみたように，マトリクスの特異値をすべてかけたものは面積拡大率に等しくなることを示していた．したがって，多次元の場合も同様に，特異値のかけ算を使えば高次元での面積拡大率も理解しやすい．

じつは次の定理が成り立つ．

定理 3.6. m 次元空間での線形変換のマトリクス A (ただし，$\det(A) \neq 0$) の特異値を $\sigma_1, \cdots, \sigma_m > 0$ とするとき，

$$\det(A) = \prod_{i=1}^{m} \sigma_i \tag{3.51}$$

が成立する．

証明　A の転置マトリクスを A^{T} とする．このとき，AA^{T} は対称マトリクスになるので，その固有値 λ_i は $\lambda_i > 0$ $(i = 1, \cdots, m)$ になる．特異値 σ_i は $\sigma_i = \sqrt{\lambda_i}$ によって定義されるので，

$$\det(AA^{\mathsf{T}}) = \det(A)\det(A^{\mathsf{T}}) = |\det(A)|^2 = \prod_{i=1}^{m} \sigma_i^2 \tag{3.52}$$

が成立する. ■

2 次元での円から楕円への面積拡大率は例 3.5 で示したが，この証明は m 次元でもまったく同様に可能であるため，m 次元空間での体積拡大率が特異値によって説明できることは容易である.

例題 3.9. m 次元空間での球が変換マトリクス A によって

$$\frac{x_1^2}{a_1^2} + \cdots + \frac{x_m^2}{a_m^2} = 1 \tag{3.53}$$

の**楕円体**に変換されたときの体積拡大率を求めよ.

【解】

$$x_1 = \varphi_1(u_1, \cdots, u_m) = a_1 u,$$
$$\vdots$$
$$x_m = \varphi_m(u_1, \cdots, u_m) = a_m u$$

によって，$(u_1, \cdots, u_m)$ 空間から $(x_1, \cdots, x_m)$ 空間の変換を考える. 変換マトリクスは

$$A = \begin{pmatrix} a_1 & \cdots & 0 \\ & \ddots & \\ 0 & \cdots & a_m \end{pmatrix}$$

となり，このヤコビアン J は $J = a_1 \cdots a_m$ なので，体積拡大率も $a_1 \cdots a_m$ になる. □

3.6 極 座 標

領域 D が直方体のときは直交座標系をそのまま積分領域に用いればよいが，円とか，球とか，領域を極座標系で記述したほうが簡単になる場合には**極座標**変換を使ったほうが計算が明瞭になるし，簡単にもなる. ここではまず，2 次元での極座標系と 3 次元での極座標変換に対する変換マトリクスを求めてみる.

(i) 2次元極座標変換

$r\theta$ 空間から xy 空間への変換を,

$$x = r\cos\theta,$$
$$y = r\sin\theta$$

とする．このとき，変換マトリクスは,

$$J = \begin{pmatrix} \dfrac{\partial x}{\partial r} & \dfrac{\partial x}{\partial \theta} \\ \dfrac{\partial y}{\partial r} & \dfrac{\partial y}{\partial \theta} \end{pmatrix} = \begin{pmatrix} \cos\theta & -r\sin\theta \\ \sin\theta & r\cos\theta \end{pmatrix} \tag{3.54}$$

となるので，$|\det(J)| = |r| = r$ になる．

●**積分問題 1**　先に誤答例 (p.97) を示した積分問題 1,

「$f(x,y) = xy$ を領域 $D = \{(x,y) \mid x^2 + y^2 \leq 1,\ x \geq 0,\ y \geq 0\}$ で積分せよ」

の正答例は次のようになる．

[正答例]

$$x = r\cos\theta,$$
$$y = r\sin\theta$$

のように $r\theta$ 空間から xy 空間への変換を考えると，積分領域が

$$\left\{(r,\theta) \mid 0 \leq r \leq 1,\ 0 \leq \theta \leq \frac{\pi}{2}\right\}$$

のように累次積分の領域へと変わるので積分の計算がしやすい．$|\det(J)| = r$ になるので

$$xy = r^3 \sin\theta\cos\theta.$$

したがって,

$$\begin{aligned} \iint_D xy\,dxdy &= \int_0^{\frac{\pi}{2}} \int_0^1 r^3 \sin\theta\cos\theta\,drd\theta \\ &= \left[\frac{r^4}{4}\right]_0^1 \int_0^{\frac{\pi}{2}} \frac{1}{2}\sin 2\theta\,d\theta \\ &= \frac{1}{16}\Big[-\cos 2\theta\Big]_0^{\frac{\pi}{2}} = \frac{1}{8} \end{aligned}$$

となる．　□

例題 3.10. 次の積分の値を求めよ．

$$\iint_D \log(x^2+y^2)\,dxdy, \quad D=\{(x,y)\mid x^2+y^2\leq 1\}$$

【解】

$$x = r\cos\theta,$$
$$y = r\sin\theta$$

の変換を考えると，積分領域が

$$\{(r,\theta)\mid 0\leq r\leq 1,\ 0\leq\theta\leq 2\pi\}$$

のように累次積分の領域へと変わる．

$$\begin{aligned}\iint_D \log(x^2+y^2)\,dxdy &= \int_0^{2\pi}\left(\int_0^1 (\log r^2)r\,dr\right)d\theta\\ &= \left(\int_0^{2\pi} d\theta\right)\left(\int_0^1 (\log r^2)r\,dr\right)\\ &= 2\pi\left(\int_0^1 (\log r^2)r\,dr\right)\\ &= 2\pi\left(\left[\frac{r^2}{2}\log r^2\right]_0^1 - \left[\frac{r^2}{2}\right]_0^1\right)\\ &= -\pi.\end{aligned}$$

□

(ii) 3 次元極座標変換

$r\theta\phi$ 空間から xyz 空間への変換を，

$$x = r\cos\theta,$$
$$y = r\sin\theta\cos\phi,$$
$$z = r\sin\theta\sin\phi$$

とする．ただし，積分領域を

$$\{(r,\theta,\phi)\mid 0\leq r\leq R,\ 0\leq\theta\leq\pi,\ 0\leq\phi\leq 2\pi\}$$

とする．このとき，変換マトリクスは，

$$J = \begin{pmatrix} \dfrac{\partial x}{\partial r} & \dfrac{\partial x}{\partial \theta} & \dfrac{\partial x}{\partial \phi} \\ \dfrac{\partial y}{\partial r} & \dfrac{\partial y}{\partial \theta} & \dfrac{\partial y}{\partial \phi} \\ \dfrac{\partial z}{\partial r} & \dfrac{\partial z}{\partial \theta} & \dfrac{\partial z}{\partial \phi} \end{pmatrix}$$

$$= \begin{pmatrix} \cos\theta & -r\sin\theta & 0 \\ \sin\theta\sin\phi & r\cos\theta\sin\phi & r\sin\theta\cos\phi \\ \sin\theta\cos\phi & r\cos\theta & -r\sin\theta\sin\phi \end{pmatrix} \tag{3.55}$$

となるので,

$$|\det(J)| = |r^2\sin\theta| = r^2\sin\theta \tag{3.56}$$

になる.

(iii) m 次元極座標変換

では, m 次元空間での極座標変換について述べる. $(r, \theta_1, \theta_2, \cdots, \theta_{m-1})$ 空間から $(x_1, x_2, \cdots, x_m)$ 空間への変換 Φ_m を,

$$\begin{aligned} x_1 &= r\cos\theta_1, \\ x_2 &= r\sin\theta_1\cos\theta_2, \\ x_3 &= r\sin\theta_1\sin\theta_2\cos\theta_3, \\ &\vdots \\ x_{m-1} &= r\sin\theta_1\sin\theta_2\cdots\cos\theta_{m-1}, \\ x_m &= r\sin\theta_1\sin\theta_2\cdots\sin\theta_{m-1} \end{aligned}$$

とする.

2 次元, 3 次元のヤコビアンから, m 次元でのヤコビアン J_m は, θ_j の変数が 1 個ずつ増えるごとに r と $\sin\theta_j$ $(j \leq m-1)$ の次数が 1 個ずつ増えていくと予想され,

$$J_m = r^{m-1}\sin^{m-2}\theta_1\cdots\sin\theta_{m-2} \tag{3.57}$$

ではないかと推測される. このことが正しいことを, 数学的帰納法を使って証明しよう. 写像 Φ_m を

$$\Phi_m(r,\theta_1,\theta_2,\cdots,\theta_{m-1}) = (x_1,x_2,\cdots,x_m) \tag{3.58}$$

とする．m のとき，(3.57) 式が成立すると仮定する．$m+1$ のときの写像 Φ_{m+1} を

$$\Phi_{m+1} = \Psi \circ \Theta \tag{3.59}$$

と分ける．ここで，

$$(r,\theta_1,\theta_2,\cdots,\theta_m) \overset{\Theta}{\mapsto} (r\cos\theta_1, r\sin\theta_1,\theta_2,\cdots,\theta_m) \tag{3.60}$$

$$\overset{\Psi}{\mapsto} (x_1,x_2,\cdots,x_{m+1}) \tag{3.61}$$

とする．Θ は，$(\theta_2,\cdots,\theta_m)$ を固定して (r,θ_1) について 2 次元極座標変換を行ったものであり，Ψ は，$x = r\cos\theta_1$ を固定して $\rho = r\sin\theta_1$ としたとき，$(\rho,\theta_2,\cdots,\theta_m)$ を m 次元極座標写像 Φ_m によって $(x_2,\cdots,x_{m+1})$ に写したものとする．帰納法の仮定から

$$\begin{aligned}\int_D f(x)\,dx &= \int_{\Theta(I)} (f\circ\Psi)(x_1,\rho,\theta_2,\cdots,\theta_m)\\ &\qquad \times \rho^{m-1}\sin^{m-2}\theta_2\cdots\sin\theta_{m-1}\,dx_1 d\rho d\theta_2\cdots d\theta_m\\ &= \int_I (f\circ\Phi_{m+1})(r,\theta_1,\theta_2,\cdots,\theta_m)\\ &\qquad \times r(r\sin\theta_1)^{m-1}\sin^{m-2}\theta_2\cdots\sin\theta_{m-1}\,dr d\theta_1\cdots d\theta_m\end{aligned} \tag{3.62}$$

となる．したがって，$m+1$ のときも成り立つ．ここで，D は $(x_1,x_2,\cdots,x_m)$ での定義域，I は $(r,\theta_1,\theta_2,\cdots,\theta_m)$ での定義域，$\Theta(I)$ は $(\theta_2,\cdots,\theta_m)$ の定義域は I と同じであるが (x_1,ρ) だけが一部変換された定義域を表す．

つまり，J は (3.57) 式になることが示された．そこで，m 次元空間での極座標変換では，

$$|\det(J)| = |r^{m-1}\sin^{m-2}\theta_1\cdots\sin\theta_{m-2}| = r^{m-1}\sin^{m-2}\theta_1\cdots\sin\theta_{m-2}$$

になる．

具体的な計算例は，3.7.3 項を参照されたい．

●休憩　ヤコビアンと特異値

$r\theta$ 空間から xy 空間への変換を，

$$x = r\cos\theta,$$
$$y = r\sin\theta$$

とする変換マトリクスは，

$$J = \begin{pmatrix} \dfrac{\partial x}{\partial r} & \dfrac{\partial x}{\partial \theta} \\ \dfrac{\partial y}{\partial r} & \dfrac{\partial y}{\partial \theta} \end{pmatrix} = \begin{pmatrix} \cos\theta & -r\sin\theta \\ \sin\theta & r\cos\theta \end{pmatrix}$$

となるので，$|\det(J)| = r$ であった．

一方，定理 3.6 で，m 次元空間での線形変換のマトリクス A の特異値を $\sigma_1, \cdots, \sigma_m$ とするとき，

$$|\det(A)| = \prod_{i=1}^{m} \sigma_i$$

が成立することを示した．実際に，2 次元の極座標系でこのことが成り立っていることを確認しよう．

$$JJ^{\mathsf{T}} = \begin{pmatrix} \cos^2\theta + r^2\sin^2\theta & \sin\theta\cos\theta(1-r^2) \\ \sin\theta\cos\theta(1-r^2) & \sin^2\theta + r^2\cos^2\theta \end{pmatrix} \tag{3.63}$$

なので，このマトリクスの固有値は

$$\begin{pmatrix} \cos^2\theta + r^2\sin^2\theta - \lambda & \sin\theta\cos\theta(1-r^2) \\ \sin\theta\cos\theta(1-r^2) & \sin^2\theta + r^2\cos^2\theta - \lambda \end{pmatrix} \tag{3.64}$$

の**固有多項式**が 0 となる方程式を解くことによって求められる．つまり，2 次方程式

$$(\cos^2\theta + r^2\sin^2\theta - \lambda)(\sin^2\theta + r^2\cos^2\theta - \lambda) - (\sin\theta\cos\theta(1-r^2))^2 = 0 \tag{3.65}$$

の根である．整理すると，

$$\lambda^2 - (1+r^2)\lambda + r^2 = (\lambda - 1)(\lambda - r^2) = 0 \tag{3.66}$$

から，$\lambda = 1$, $\lambda = r^2$ が得られる．したがって，特異値 σ は，$\sigma_1 = 1$, $\sigma_2 = r$

(あるいは，$\sigma_1 = r$, $\sigma_2 = 1$) である．これら 2 つの特異値をかけたものは r である．これは，$|\det(J)|$ の値に等しい． □

3.7 多変数関数の積分の応用

3.7.1 標準正規分布の密度関数の積分

標準正規分布の密度関数を定義域全域で積分すると 1 になる：

$$\frac{1}{\sqrt{2\pi}}\int_{-\infty}^{\infty} e^{-\frac{x^2}{2}}\,dx = 1. \tag{3.67}$$

少し形を見やすくして，

$$I = \int_{-\infty}^{\infty} e^{-x^2}\,dx = \sqrt{\pi} \tag{3.68}$$

が成り立つことを示そう．一見簡単な積分にみえるが，1 変数の積分では求めることができない．そこで，広義の 2 重積分を使う．つまり，

$$I^2 = \int_{-\infty}^{\infty}\int_{-\infty}^{\infty} e^{-x^2} e^{-y^2}\,dxdy \tag{3.69}$$

は変数変換によって簡単に求められるので，これから I を求めようということである．図 3.12 に，1 次元と 2 次元での標準正規分布の密度関数を示す．

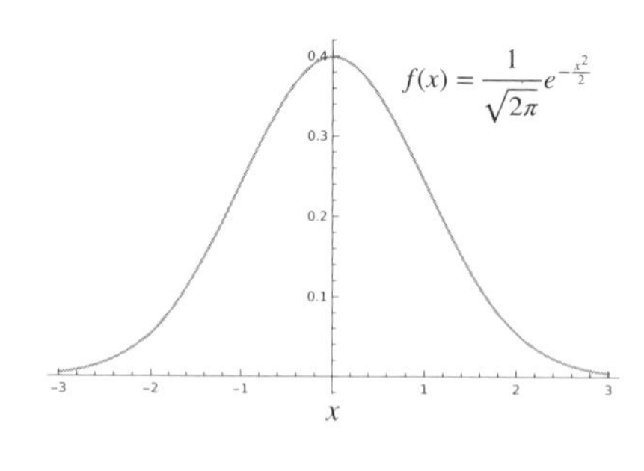

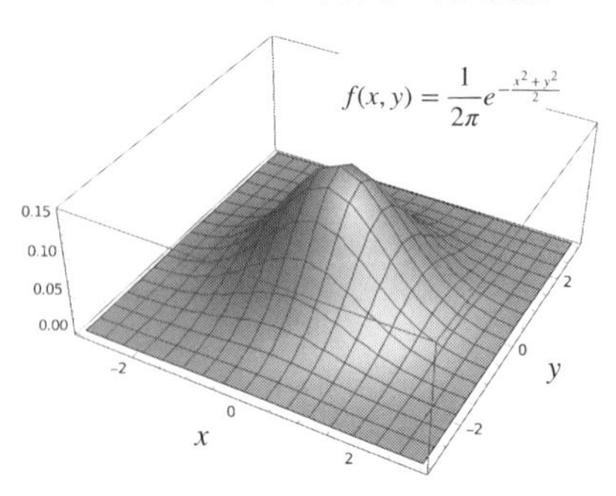

図 3.12 1 次元と 2 次元での標準正規分布の密度関数のグラフ

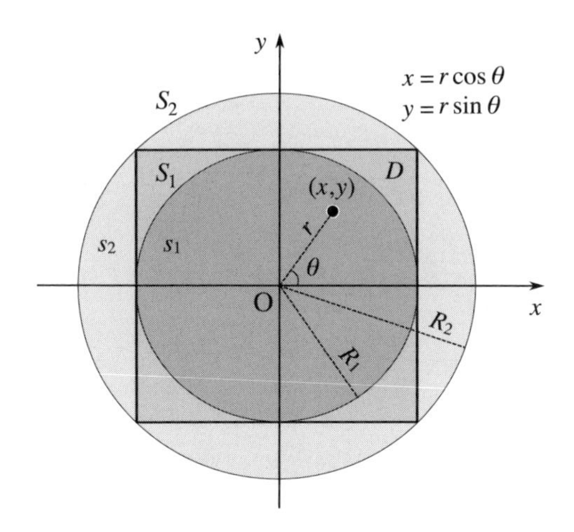

図 3.13　2 重積分を使って正規分布の確率計算を行う手順

xy 空間から $r\theta$ 空間に変換して広義積分を使う．図 3.13 に示すように，領域

$$D = \{(x, y) \mid 0 \le |x| \le R_1,\ 0 \le |y| \le R_1\}$$

は，2 つの領域

$$S_1 = \{(r, \theta) \mid r = R_1,\ 0 \le \theta \le 2\pi\}$$

と

$$S_2 = \{(r, \theta) \mid r = R_2 = \sqrt{2}R_1,\ 0 \le \theta \le 2\pi\}$$

によって挟まれる ($S_1 \subset D \subset S_2$)．したがって，$S_1$ での積分の値を s_1，S_2 での積分の値を s_2 とすると，

$$s_1 < \int_{-R_1}^{R_1}\int_{-R_1}^{R_1} e^{-x^2}e^{-y^2}\,dxdy < s_2 \tag{3.70}$$

になる．

ヤコビアンは r であり，$r^2 = t$ と変換することによって，s_1 は

$$\begin{aligned} s_1 &= \int_0^{2\pi}\int_0^{R_1} e^{-r^2} r\,drd\theta \\ &= \pi\int_0^{R_1^2} e^{-t}dt \quad (t = r^2) \\ &= \pi(1 - e^{-R_1^2}), \end{aligned} \tag{3.71}$$

s_2 も同様に求められ,

$$s_2 = \pi(1 - e^{-R_2^2}) \tag{3.72}$$

となる.

任意に小さい数 $0 < \varepsilon < 1$ をとり, $R_1 = \sqrt{-\log \varepsilon}$ にすると,

$$\begin{aligned} s_1 = \pi(1-\varepsilon) &< \int_{-R_1}^{R_1} \int_{-R_1}^{R_1} e^{-x^2} e^{-y^2} dxdy \\ &< s_2 = \pi(1-\varepsilon^2). \end{aligned} \tag{3.73}$$

したがって, $I^2 = \pi$ つまり $I = \sqrt{\pi}$ となる.

図 3.13 は, 2 重積分を使って正規分布の確率計算を行う手順を表す図になっている.

3.7.2 ベータ関数とガンマ関数と順序統計量

$p > 0$ とするとき, **ガンマ関数** $\Gamma(p)$ は,

$$\Gamma(p) = \int_0^\infty x^{p-1} e^{-x}\, dx \tag{3.74}$$

で定義される. また, $p > 0, q > 0$ とするとき, **ベータ関数** $B(p, q)$ は,

$$B(p, q) = \int_0^1 x^{p-1}(1-x)^{q-1}\, dx \tag{3.75}$$

で定義される. このとき, ガンマ関数とベータ関数のあいだには次の関係が成り立つ:

$$B(p, q) = \frac{\Gamma(p)\Gamma(q)}{\Gamma(p+q)}. \tag{3.76}$$

この関係を示すには計算が少し面倒ということもあって,「1 変数の微積分」[3] ではこの関係の証明を省略していた[4]. ここでは, p, q が自然数のときは, 統計学でよく用いられる**順序統計量**を使うことによって証明できることを示す. r 番目の順序統計量とは, 独立で同一な分布関数をもつ確率変数 $X_1, \cdots, X_n$ を小さい順に並べたものを $X_{(1)}, \cdots, X_{(n)}$ とするときの r 番目の確率変数 $X_{(r)}$ のことをいう. $r = 1$ では最小値, $r = n$ では最大値に相当する.

4) 1 変数の微積分 [3], 3.4.2 項も参照.

証明 ここでは区間 $[0,1]$ で一様に分布する連続分布関数について考えてみよう．X を**一様分布**の確率変数とすると，$P(X \leq x) = x$ となり，$P(X \leq x)$ が分布関数の定義なので，一様分布の分布関数は $F(x) = x$ である．また，密度関数 $f(x)$ は

$$f(x) = \frac{dF(x)}{dx} = 1$$

である．$X_{(r)}$ が微小区間 $[x, x+dx]$ に入り，$n-1$ 個の確率変数のうち $r-1$ を選んだ変数が x 以下であるときの確率

$$P(X_{(r)} \in [x, x+dx]) = f_{(r)}(x)\,dx$$

は，

$$\begin{aligned}
f_{(r)}(x)\,dx &= P(X_{(r)} \in [x, x+dx]) \\
&= P({}^{\exists}i, X_i \in [x, x+dx], X_{(1)} \leq x, \cdots, X_{(r-1)} \leq x) \\
&= nP(X_1 \in [x, x+dx], X_{(1)} \leq x, \cdots, X_{(r-1)} \leq x) \\
&= nP(X_1 \in [x, x+dx]) \cdot P(X_{(1)} \leq x, \cdots, X_{(r-1)} \leq x) \qquad (3.77)
\end{aligned}$$

になる[5]．ここで，$f_{(r)}(x)$ は r 番目の順序統計量 $X_{(r)}$ の密度関数である．なお，上で ${}^{\exists}i$ としたのは，"ある i についての確率" という意味である．したがって，特に，X が一様分布に従えば，$X_{(r)}$ の密度関数 $f_{(r)}(x)$ は

$$f_{(r)}(x) = n\binom{n-1}{r-1}x^{r-1}(1-x)^{n-r-1} \qquad (3.78)$$

になる．これを定義域の全域で積分すると確率 1 になるので，

$$\int_0^1 n\binom{n-1}{r-1}x^{r-1}(1-x)^{n-r-1}dx = 1, \qquad (3.79)$$

つまり，

$$\int_0^1 x^{r-1}(1-x)^{n-r-1}dx = \frac{1}{n\binom{n-1}{r-1}} = \frac{r!(n-r)!}{n!} \qquad (3.80)$$

が得られる．ここで，$n - r = s$ とすると，上の積分はベータ関数 $B(r,s)$ になっている．

---

5) 文献 [7] を参照.

p が自然数 r のときは,

$$\Gamma(r) = \int_0^\infty x^{r-1} e^{-x}\, dx = r! \tag{3.81}$$

なので,

$$B(r,s) = \frac{\Gamma(r)\Gamma(s)}{\Gamma(r+s)} \tag{3.82}$$

が示された. ■

また, ガンマ関数の被積分項 $e^{-x}x^{p-1}$ に対して, $x = r^2$ とおくと, 置換積分より

$$\Gamma(p) = 2\int_0^\infty e^{-r^2} r^{2p-1}\, dr \tag{3.83}$$

になり, $p = \dfrac{1}{2}$ とおくと,

$$\Gamma\left(\frac{1}{2}\right) = 2\int_0^\infty e^{-r^2}\, dr \tag{3.84}$$

が得られる. これは, $\sqrt{\pi}$ である.

3.7.3　m 次元球の体積と次元の呪い

半径 1 の m 次元球の体積が 1 辺の長さ 2 の m 次元超立方体の体積に占める割合は, m が大きくなるにつれて急速に 0 に近づいていく. このことは, m 次元超立方体に一様に分布する点の多くは m 次元球の外側に位置し, 球の内部に存在する点は m が大きくなるにつれて少なくなることを意味している.

まず, 半径 1 の m 次元球体の体積 V_m は

$$V_m = \frac{\pi^{\frac{m}{2}}}{\Gamma\left(\frac{m}{2}+1\right)} \tag{3.85}$$

になることを示す.

$(r, \theta_1, \theta_2, \cdots, \theta_{m-1})$ 空間から $(x_1, x_2, \cdots, x_m)$ 空間への変換を,

$$\begin{aligned}
x_1 &= r\cos\theta_1, \\
x_2 &= r\sin\theta_1\cos\theta_2, \\
x_3 &= r\sin\theta_1\sin\theta_2\cos\theta_3, \\
&\ \vdots
\end{aligned}$$

$$x_{m-1} = r\sin\theta_1\sin\theta_2\cdots\cos\theta_{m-1},$$
$$x_m = r\sin\theta_1\sin\theta_2\cdots\sin\theta_{m-1} \tag{3.86}$$

とする．

$(x_1, x_2, \cdots, x_m)$ 空間での半径 1 の m 次元球体の領域 D は

$$D = \{(x_1, \cdots, x_m) \mid x_1^2 + \cdots + x_m^2 \leq 1\}$$

であり，これを $(r, \theta_1, \theta_2, \cdots, \theta_{m-1})$ 空間で表現すると，

$$D = \Big\{(r, \theta_1, \theta_2, \cdots, \theta_{m-1}) \mid 0 \leq r \leq 1,\ 0 \leq \theta_1 \leq \pi, \\ \cdots,\ 0 \leq \theta_{m-2} \leq \pi,\ 0 \leq \theta_{m-1} \leq 2\pi\Big\}$$

となるので，累次積分が可能になる．また，変換マトリクスは

$$\begin{pmatrix} \dfrac{\partial x_1}{\partial r} & \dfrac{\partial x_1}{\partial \theta_1} & \cdots & \dfrac{\partial x_1}{\partial \theta_{m-1}} \\ \vdots & \vdots & & \vdots \\ \dfrac{\partial x_m}{\partial r} & \dfrac{\partial x_m}{\partial \theta_1} & \cdots & \dfrac{\partial x_m}{\partial \theta_{m-1}} \end{pmatrix}$$

$$= \begin{pmatrix} \cos\theta_1 & -r\sin\theta_1 & \cdots & 0 \\ \vdots & \vdots & & \vdots \\ \sin\theta_1\cdots\sin\theta_{m-1} & r\cos\theta_1\cdots\sin\theta_{m-1} & \cdots & r\sin\theta_1\cdots\cos\theta_{m-1} \end{pmatrix} \tag{3.87}$$

となるので，ヤコビアン J_m は，

$$J_m = r^{m-1}\sin^{m-2}\theta_1\cdots\sin\theta_{m-2} \tag{3.88}$$

である．ここで，

$$\int_0^{\frac{\pi}{2}} \sin^n x\,dx = \begin{cases} \dfrac{(2l-1)!!}{(2l)!!}\cdot\dfrac{\pi}{2} & (n = 2l \text{ のとき}), \\ \dfrac{(2l-2)!!}{(2l-1)!!} & (n = 2l-1 \text{ のとき}) \end{cases} \tag{3.89}$$

を使うと[6)]，

6) 1 変数の微積分 [3], p.184 を参照．

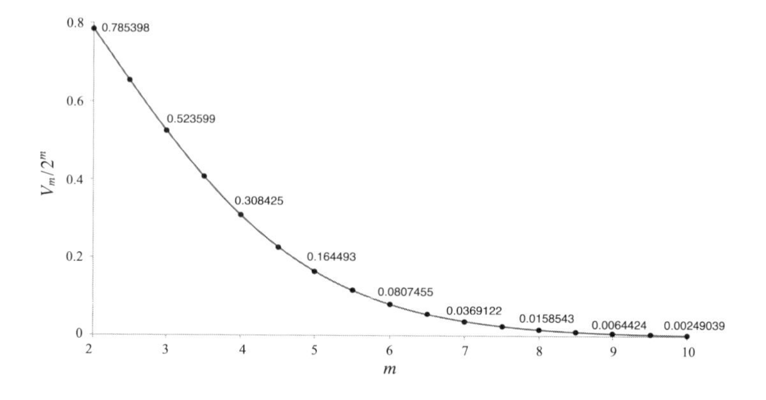

図 3.14　球の体積 V_m が立方体の体積 2^m に占める割合 $V_m/2^m$

$$
\begin{aligned}
V_m &= \int_0^1 \int_0^{\pi} \cdots \int_0^{\pi} \int_0^{2\pi} r^{m-1} \sin^{m-2}\theta_1 \cdots \sin\theta_{m-2}\, dr d\theta_1 \cdots d\theta_{m-1} \\
&= \frac{1}{m} \cdot 2\pi \cdot 2^{m-2} \prod_{k=1}^{m-2} \int_0^{\frac{\pi}{2}} \sin^k \theta \, d\theta \\
&= \frac{\pi^{\frac{m}{2}}}{\Gamma\left(\frac{n}{2}+1\right)} \qquad (3.90)
\end{aligned}
$$

となる．ここに，$n!!$ は，

$$
n!! = \begin{cases} n(n-2)(n-4)\cdot 4 \cdot 2 & (n \text{ は偶数}), \\ n(n-2)(n-4)\cdot 3 \cdot 1 & (n \text{ は奇数}) \end{cases} \qquad (3.91)
$$

で定義される n の 2 重階乗で，特に，$0!! = 1$ とする．

図 3.14 に，m に対する球の体積 V_m が立方体の体積 2^m に占める割合 $V_m/2^m$ を示す．m が大きくなると急激に $V_m/2^m$ が小さくなっていく様子がわかる．この図には示されていないが，$m = 100$ のときに，すでに $V_{100}/2^{100} = 1.87 \times 10^{-70}$ になっている．

このことは，高次元での，ある点の近傍の点の様子を見ようとしても，実際にはかなり遠くまで見ないとわからないことを示している．これは「**次元の呪**

い」とよばれている．そこで，近傍の点の近くの様子を参照できるように，精度を下げないで高次元空間から低次元に次元数を下げる「次元削減」が重要になってくる．**スパースモデリング**[7]はこのこと実現できるような枠組みになっている．

7) 文献 [14] を参照.

第3章の章末問題

問 1 領域 $D = \{(x,y) \mid a \leq x \leq b,\ c \leq y \leq d\}$ で定義された関数 $f(x,y) = x^3$ の定積分 $\displaystyle\iint_D x^3\,dxdy$ を，分割を用いた積分の定義に従って求めよ．

問 2 領域 $D = \{(x,y) \mid 1 \leq x \leq 2,\ 3 \leq y \leq 4\}$ で定義された関数 $f(x,y) = \dfrac{\sqrt{y}}{\sqrt{1+x^2}}$ の定積分 $\displaystyle\iint_D \frac{\sqrt{y}}{\sqrt{1+x^2}}\,dxdy$ を求めよ．

問 3 領域 $D = \{(x,y) \mid x^2+y^2 \leq y,\ x \geq 0\}$ で定義された関数 $f(x,y) = xy$ の定積分 $\displaystyle\iint_D xy\,dxdy$ を求めよ．

問 4 領域 $D = \{(x,y,z) \mid x+y+z \leq 1,\ 0 \leq x \leq 1,\ 0 \leq y \leq 1,\ 0 \leq z \leq 1\}$ で定義された関数 $f(x,y) = 1$ の定積分 $\displaystyle\iiint_D dxdydz$ を求めよ．

問 5 領域 $D = \{(x,y) \mid x^2+y^2+z^2 \leq 1\}$ で定義された関数 $f(x,y) = x^2+y^2+z^2$ の定積分 $\displaystyle\iiint_D (x^2+y^2+z^2)\,dxdydz$ を求めよ．

付録：ヤコビアンとデターミナント

A.1　固有値と特異値

ここでは，正方マトリクスにおける**固有値**と**特異値**について説明する．

A.1.1　ベクトルのノルム

実数空間 $\mathbb{R}$ で定義された数 $a_1, a_2, \cdots, a_m$ をまとめたものを**ベクトル**といい，

$$\boldsymbol{a} = (a_1, a_2, \cdots, a_m)^{\mathsf{T}}$$

と書く．ここで，“^{T}” は転置を表す．ベクトル $\boldsymbol{a}$ の全体集合を m 次元**ベクトル空間**といい，$\mathbb{R}^m$ で表す．

定義域 $\mathbb{R}^m$ と値域 $\mathbb{R}^m$ が同じときの線形変換 f に対応する $m \times m$ の正方マトリクスを A としよう．マトリクスは線形写像になっているので，このことを

$$A \in L(\mathbb{R}^{m \times m})$$

と表す．

$\mathbb{R}^m$ の中のあるベクトル $\boldsymbol{x}$ が線形変換によって $\boldsymbol{y}$ に写ったとしよう．

$$\boldsymbol{y} = f(\boldsymbol{x}),\ つまり,\ A\boldsymbol{x} = \boldsymbol{y}$$

である．このとき，$\boldsymbol{x}$ が $\mathbb{R}^m$ の中をすべて動きまわったとき，$\boldsymbol{y}$ はどのように動くかを考えてみる．

実際には，$\boldsymbol{x}$ は $\mathbb{R}^m$ の中をすべて動きまわらなくても，f には線形性があるので，大きさ 1 のベクトルの動きがわかっていれば必要十分である．ここでベ

クトルの大きさを表すのにノルム $\|\cdot\|$ を使うとすると，大きさ 1 のベクトル $\boldsymbol{x}$ は $\|\boldsymbol{x}\| = 1$ と書ける．すると，

$$\boldsymbol{x} = k\boldsymbol{u} \text{ (ただし，} \|\boldsymbol{u}\| = 1\text{) のとき，} f(\boldsymbol{x}) = f(k\boldsymbol{u}) = k\boldsymbol{v}$$

となる．ただし，$f(\boldsymbol{u}) = \boldsymbol{v}$ とした．ここで k はスカラーである．

$\mathbb{R}^m$ 上のベクトルに使われるノルム $\|\cdot\|$ には，以下の**ノルムの公理**

1) $\|\boldsymbol{x}\| \geq 0$,

2) $\|\boldsymbol{x}\| = 0 \iff \boldsymbol{x} = \boldsymbol{0}$,

3) $\|\lambda\boldsymbol{x}\| = |\lambda|\,\|\boldsymbol{x}\|$ （λ はスカラー），

4) $\|\boldsymbol{x} + \boldsymbol{y}\| \leq \|\boldsymbol{x}\| + \|\boldsymbol{y}\|$

が成り立つとする．

よく使われる代表的なノルムは，次の

$\boldsymbol{l}_1$ ノルム： $\|\boldsymbol{x}\|_1 = \sum_i |x_i|$,

$\boldsymbol{l}_2$ ノルム： $\|\boldsymbol{x}\|_2 = \left(\sum_i |x_i|^2\right)^{1/2}$,

$\boldsymbol{l}_p$ ノルム： $\|\boldsymbol{x}\|_p = \left(\sum_i |x_i|^p\right)^{1/p}$,

$\boldsymbol{l}_\infty$ ノルム： $\|\boldsymbol{x}\|_\infty = \lim_{p\to\infty}\left(\sum_i |x_i|^p\right)^{1/p} = \max_i |x_i|$

である．

ノルムの公理は満たさないが，特別な場合として，

$$\|\boldsymbol{x}\|_0 = \lim_{p\to 0} \|\boldsymbol{x}\|_p^p$$

を **$\boldsymbol{l}_0$ ノルム**[1)]とよぶ．これは 0 でない x_i の個数と等しくなる．なぜなら

$$\lim_{p\to 0} \|\boldsymbol{x}\|_p^p = \lim_{p\to 0} \sum_i |x_i|^p = \sum_i \iota(x_i), \quad \text{ただし，} \quad \iota(x_i) = \begin{cases} 0 & (x_i = 0), \\ 1 & (x_i \neq 0) \end{cases}$$

だからである．

1) 文献 [12] を参照．

A.1.2　固 有 値

正方マトリクス A は，m 次元ベクトル空間のベクトル $\boldsymbol{a}_1, \boldsymbol{a}_2, \cdots, \boldsymbol{a}_m$ を並べてつくったもので

$$
\begin{aligned}
A &= \begin{pmatrix} \boldsymbol{a}_1 & \boldsymbol{a}_2 & \cdots & \boldsymbol{a}_m \end{pmatrix} \\
&= \begin{pmatrix} a_{11} & a_{12} & \cdots & a_{1m} \\ a_{21} & a_{22} & \cdots & a_{2m} \\ \vdots & \vdots & \ddots & \vdots \\ a_{m1} & a_{m1} & \cdots & a_{mm} \end{pmatrix} = \begin{pmatrix} a_{ij} \end{pmatrix} \qquad \text{(A.1)}
\end{aligned}
$$

と表す．

一般に，$\boldsymbol{x}$ を線形変換 A によって変換した後の像 $\boldsymbol{y} = A\boldsymbol{x}$ は，$\boldsymbol{x}$ と異なる方向を示していたり，大きさが異なっていたりする．しかし，ある線形変換の場合には，ある $\boldsymbol{x}$ に対して変換後もまったく方向を変えないような $\boldsymbol{y}$ になることがある．つまり，

$$A\boldsymbol{x} = \lambda\boldsymbol{x} \qquad \text{(A.2)}$$

になることがある．ここで，λ はスカラーである．このようなベクトルを**固有ベクトル**，対応するスカラー λ を**固有値**とよぶ．

I を対角要素がすべて 1 で，その他は 0 の**単位マトリクス**とする．λ が A の固有値であるとき，

$$(A - \lambda I)\boldsymbol{x} = \boldsymbol{0} \qquad \text{(A.3)}$$

となるが，$\|\boldsymbol{x}\| \neq 0$ としていたので，$A - \lambda I$ は**正則**でないことになり，これは

$$\det(A - \lambda I) = 0 \qquad \text{(A.4)}$$

と同値になる．この方程式を**固有方程式**とよぶ．固有方程式は λ についての m 次方程式になっているので，(複素数も含めて) 一般に m 個の解が存在する．そこで，A の m 個の固有値を $\lambda_1, \lambda_2, \cdots, \lambda_m$ とすることができる．

固有値 λ_i に対応する固有ベクトルが存在して，それを $\boldsymbol{x}_i$ とし，固有ベクトル $\boldsymbol{x}_1, \boldsymbol{x}_2, \cdots, \boldsymbol{x}_m$ を横に並べてできるマトリクス P にマトリクス A を左からかけると，

$$
\begin{aligned}
AP &= A\begin{pmatrix}\boldsymbol{x}_1 & \boldsymbol{x}_2 & \cdots & \boldsymbol{x}_m\end{pmatrix} \\
&= \begin{pmatrix}\lambda_1\boldsymbol{x}_1 & \lambda_2\boldsymbol{x}_2 & \cdots & \lambda_m\boldsymbol{x}_m\end{pmatrix} \\
&= \begin{pmatrix}\boldsymbol{x}_1 & \boldsymbol{x}_2 & \cdots & \boldsymbol{x}_m\end{pmatrix}\begin{pmatrix}\lambda_1 & 0 & \cdots & 0 \\ 0 & \lambda_2 & \cdots & 0 \\ \vdots & \vdots & \ddots & \vdots \\ 0 & 0 & \cdots & \lambda_m\end{pmatrix} = P\Lambda
\end{aligned}
\tag{A.5}
$$

が得られる．Λ は**対角マトリクス**である．$\boldsymbol{x}_1, \boldsymbol{x}_2, \cdots, \boldsymbol{x}_m$ が一次独立であれば P は正則になり，**逆マトリクス** P^{-1} が存在して，

$$
P^{-1}AP = \Lambda \tag{A.6}
$$

となる．

特に，マトリクス A が**対称マトリクス** ($a_{ij} = a_{ji}$，あるいは $A^\mathsf{T} = A$) である場合，固有値は実数になる．また，互いに異なる固有値に対する固有ベクトルは直交する．なぜなら，異なる固有値を λ, μ，対応する固有ベクトルをそれぞれ $\boldsymbol{x}$, $\boldsymbol{y}$ とするとき，

$$
\begin{aligned}
\lambda\boldsymbol{x}\cdot\boldsymbol{y} = A\boldsymbol{x}\cdot\boldsymbol{y} &= (A\boldsymbol{x})^\mathsf{T}\boldsymbol{y} = (\boldsymbol{x}^\mathsf{T}A^\mathsf{T})\boldsymbol{y} = \boldsymbol{x}^\mathsf{T}(A^\mathsf{T})\boldsymbol{y} \\
&= \boldsymbol{x}\cdot A^\mathsf{T}\boldsymbol{y} = \boldsymbol{x}\cdot A\boldsymbol{y} = \boldsymbol{x}\cdot\mu\boldsymbol{y} = \mu\boldsymbol{x}\cdot\boldsymbol{y}
\end{aligned}
\tag{A.7}
$$

より，

$$
(\lambda - \mu)\boldsymbol{x}\cdot\boldsymbol{y} = 0 \tag{A.8}
$$

となり，$\lambda \neq \mu$ だったので，$\boldsymbol{x}\cdot\boldsymbol{y} = 0$ となるからである．ここで，$\boldsymbol{x}\cdot\boldsymbol{y}$ は $\boldsymbol{x}$ と $\boldsymbol{y}$ の**内積**である．つまり，マトリクス A が対称マトリクスの場合，固有ベクトルからつくられるマトリクス P は**直交マトリクス**になる．固有ベクトルの大きさを 1 にしたときの直交マトリクス T は**正規直交マトリクス**とよばれる．このとき，

$$
A = T\Lambda T^{-1} = T\Lambda T^\mathsf{T} \tag{A.9}
$$

である．

このことは，ベクトル $\boldsymbol{x} \in \mathbb{R}^m$ がマトリクス A によってベクトル $\boldsymbol{y} \in \mathbb{R}^m$ に写るとき，$\boldsymbol{x}$ は，はじめにマトリクス

$$T^{\mathsf{T}} = T^{-1} \tag{A.10}$$

によってベクトル $\boldsymbol{x}' \in \mathbb{R}^m$ に写り，それがマトリクス Λ によってベクトル $\boldsymbol{x}'' \in \mathbb{R}^m$ に写り，さらにマトリクス T によってベクトル $\boldsymbol{y} \in \mathbb{R}^m$ に写っていることを示している．

さらに，マトリクス A が**半正定値**マトリクス ($\boldsymbol{x}^{\mathsf{T}} A\boldsymbol{x} \geq 0$ ($\boldsymbol{x} \neq 0$)) の場合，すべての固有値は非負の値をとる．なぜなら，固有値を λ，固有ベクトルを $\boldsymbol{x}$ とするとき，$\boldsymbol{x}^{\mathsf{T}} A\boldsymbol{x} \geq 0$，つまり，$\boldsymbol{x} \cdot (A\boldsymbol{x}) \geq 0$ であるから，

$$\boldsymbol{x} \cdot (A\boldsymbol{x}) = \boldsymbol{x} \cdot (\lambda\boldsymbol{x}) = \lambda(\boldsymbol{x} \cdot \boldsymbol{x}) = \lambda\|\boldsymbol{x}\|^2 > 0 \geq 0 \tag{A.11}$$

となり，これから $\lambda \geq 0$ が得られる．

○例　例えば，

$$A = \begin{pmatrix} 4 & 1 \\ 1 & 4 \end{pmatrix}$$

とする．このとき，A は対称マトリクスであり，また非負マトリクスにもなっている．

A の固有方程式は

$$(4-\lambda)^2 - 1 = \lambda^2 - 8\lambda + 15 = (\lambda - 5)(\lambda - 3) = 0$$

であるから，固有値は $\lambda = 5, 3$ で，対応する固有ベクトルはそれぞれ $\left(\frac{1}{\sqrt{2}}, \frac{1}{\sqrt{2}}\right)^{\mathsf{T}}$, $\left(-\frac{1}{\sqrt{2}}, \frac{1}{\sqrt{2}}\right)^{\mathsf{T}}$ となる．正規直交マトリクスは

$$T = \begin{pmatrix} \frac{1}{\sqrt{2}} & -\frac{1}{\sqrt{2}} \\ \frac{1}{\sqrt{2}} & \frac{1}{\sqrt{2}} \end{pmatrix}$$

となり，これは，

$$\begin{pmatrix} \cos\frac{\pi}{4} & -\sin\frac{\pi}{4} \\ \sin\frac{\pi}{4} & \cos\frac{\pi}{4} \end{pmatrix}$$

に等しい．　□

マトリクス A が対称マトリクスで，また非負マトリクスでもあるとき，ノルムの大きさが 1 の固有ベクトルは，マトリクス T^{T} によって**基底ベクトル**に回転し (なぜなら，基底ベクトルのマトリクス変換は変換マトリクスの列になっていた)，そこで基底ベクトル方向に固有値の大きさの引き伸ばし (収縮) が行われ，さらに，マトリクス T によってもとの位置にもどす回転がなされている．一方，固有ベクトル以外のベクトルでは，回転した後の方向は基底ベクトル方向になっていないので，固有値分の引き伸ばし (収縮) は 1 方向だけに限らなくなる．この例の場合，l_2 ノルムの大きさ 1 のベクトルがつくる半径 1 の円は，A によって変換されると，長径方向に 5 倍に，短径方向に 3 倍に引き延ばされた楕円になっている．面積はもとの円に比べて 15 倍に拡大されている．

さて，マトリクス A の固有多項式を $p(\lambda)$ とする：

$$\begin{aligned} p(\lambda) &= \det(A - \lambda I) \\ &= (\lambda_1 - \lambda) \cdots (\lambda_m - \lambda). \end{aligned}$$

この $p(\lambda)$ で，$\lambda = 0$ とすると，

$$\begin{aligned} p(0) &= \det(A - 0I) = \det(A) \\ &= (\lambda_1 - 0) \cdots (\lambda_m - 0) = \prod_{i=1}^{m} \lambda_i \end{aligned} \tag{A.12}$$

が得られる．つまり，

$$\det(A) = \prod_{i=1}^{m} \lambda_i \tag{A.13}$$

である．

マトリクス A のデターミナントは A の固有値をすべてかけたものに等しい．

A.1.3 特 異 値

マトリクス A が $m \times n$ $(m \neq n)$ マトリクスのように正方マトリクスでない場合には，A の固有値は得られない．ましてや，対称マトリクスの場合のように，すべての固有値が実数になるというような好ましい特徴は望めない．では，$m \neq n$ のようなマトリクス A の場合にも，固有値に対応するような値が得ら

れないだろうか．また，対称マトリクスのような好ましい性質は得られないのだろうか．じつは，それが**特異値**によって求められるのである．

A を $m \times n$ マトリクスとする．このとき，$A^\top A$ は $n \times n$ 対称マトリクス，$AA^\top$ は $m \times m$ 対称マトリクスになる．また，$A^\top A$ と $AA^\top$ の固有値，固有ベクトルが存在するとき，それらは同じになる．

$A^\top A$ に対して，

$$A^\top A\boldsymbol{v} = \xi \boldsymbol{v} \tag{A.14}$$

となるような固有値 ξ と固有ベクトル $\boldsymbol{v}$ が存在するとき，それらの固有ベクトル $\{\boldsymbol{v}_1, \boldsymbol{v}_2, \cdots, \boldsymbol{v}_n\}$ を，

$$\boldsymbol{v}_i \cdot \boldsymbol{v}_j = \delta_{ij}$$

のように正規直交ベクトルにとることができる．ここに，δ_{ij} は**クロネッカーのデルタ** ($\delta_{ij} = 1\ (i = j)$, $\delta_{ij} = 0\ (i \neq j)$) である．

$$\xi_i = \boldsymbol{v}_i \cdot (A^\top A\boldsymbol{v}_i) \quad (i = 1, \cdots, n)$$

であるから，

$$\boldsymbol{v}_i \cdot (A^\top A\boldsymbol{v}_i) = (A\boldsymbol{v}_i) \cdot (A\boldsymbol{v}_i) = \|A\boldsymbol{v}_i\|^2 \geq 0 \tag{A.15}$$

より，固有値は非負である．そこで，r を $A^\top A$ の**ランク** ($r = \mathrm{rank}(A^\top A)$) とすれば，$\xi_1 \geq \xi_2 \geq \cdots \geq \xi_r > 0$ のように ξ_i を並べ替えることができる．ここで，$\xi_{r+1} = 0$，$\cdots$，$\xi_n = 0$ としておく．

ベクトル $\boldsymbol{u}_i$ $(1 \leq i \leq r)$ を

$$\boldsymbol{u}_i = \frac{1}{\sqrt{\xi_i}} A\boldsymbol{v}_i = \frac{1}{\sigma_i} A\boldsymbol{v}_i \tag{A.16}$$

とおく．このとき，

$$\boldsymbol{v}_i = \frac{1}{\sqrt{\xi_i}} A^\top \boldsymbol{u}_i = \frac{1}{\sigma_i} A^\top \boldsymbol{u}_i \tag{A.17}$$

でもある．ここで，

$$\begin{aligned} \boldsymbol{u}_i \cdot \boldsymbol{u}_j &= \boldsymbol{u}_i^\top \boldsymbol{u}_j = \frac{1}{\sigma_i} \boldsymbol{v}_i^\top A^\top \frac{1}{\sigma_j} A\boldsymbol{v}_j = \frac{\xi_j}{\sigma_i \sigma_j} \boldsymbol{v}_i^\top \boldsymbol{v}_j = \frac{\sigma_j}{\sigma_i} \boldsymbol{v}_i \cdot \boldsymbol{v}_j \\ &= \delta_{ij} \end{aligned} \tag{A.18}$$

となるので，これらのベクトルを含めた**正規直交ベクトル** $\{\boldsymbol{u}_1, \boldsymbol{u}_2, \cdots, \boldsymbol{u}_r, \boldsymbol{u}_{r+1}, \cdots, \boldsymbol{u}_m\}$ を構成することができる．

これらの $\boldsymbol{u}_i, \boldsymbol{v}_j$ からつくられるマトリクス $U = \big(\boldsymbol{u}_i\big)$ と $V = \big(\boldsymbol{v}_j\big)$ を用い，$U^\top AV$ をつくる．ここで，$\xi_{r+1} = \cdots = \xi_n = 0$ なので，

$$A\boldsymbol{v}_{r+1} = \cdots = A\boldsymbol{v}_n = 0,$$

また，$i = r+1, \cdots, m$ で，$j = 1, \cdots, r$ に対して，

$$\begin{aligned} &\boldsymbol{u}_i^\top A\boldsymbol{v}_j = \boldsymbol{u}_i^\top \sigma_j \boldsymbol{u}_j = \sigma_j \boldsymbol{u}_i \cdot \boldsymbol{u}_j = 0 \quad (i \neq j), \\ &\boldsymbol{u}_i^\top \boldsymbol{u}_i = 1 \end{aligned}$$

となるので，$U^\top AV$ は，

$$\begin{aligned} U^\top AV &= \begin{pmatrix} \boldsymbol{u}_1^\top A\boldsymbol{v}_1 & \boldsymbol{u}_1^\top A\boldsymbol{v}_2 & \cdots & \boldsymbol{u}_1^\top A\boldsymbol{v}_n \\ \boldsymbol{u}_2^\top A\boldsymbol{v}_1 & \boldsymbol{u}_2^\top A\boldsymbol{v}_2 & \cdots & \boldsymbol{u}_2^\top A\boldsymbol{v}_n \\ \vdots & \vdots & \ddots & \vdots \\ \boldsymbol{u}_m^\top A\boldsymbol{v}_1 & \boldsymbol{u}_m^\top A\boldsymbol{v}_2 & \cdots & \boldsymbol{u}_m^\top A\boldsymbol{v}_n \end{pmatrix} \\ &= \begin{pmatrix} \boldsymbol{u}_1^\top \sigma_1 \boldsymbol{u}_1 & \boldsymbol{u}_1^\top \sigma_2 \boldsymbol{u}_2 & \cdots & \boldsymbol{u}_1^\top \sigma_n \boldsymbol{u}_n \\ \boldsymbol{u}_2^\top \sigma_1 \boldsymbol{u}_1 & \boldsymbol{u}_2^\top \sigma_2 \boldsymbol{u}_2 & \cdots & \boldsymbol{u}_2^\top \sigma_n \boldsymbol{u}_n \\ \vdots & \vdots & \ddots & \vdots \\ \boldsymbol{u}_m^\top \sigma_1 \boldsymbol{u}_1 & \boldsymbol{u}_m^\top \sigma_2 \boldsymbol{u}_2 & \cdots & \boldsymbol{u}_m^\top \sigma_n \boldsymbol{u}_n \end{pmatrix} \end{aligned} \tag{A.19}$$

となり，これから，

$$U^\top AV = \begin{pmatrix} \sigma_1 & 0 & \cdots & 0 & 0 & \cdots & 0 \\ 0 & \sigma_2 & \cdots & 0 & 0 & \cdots & 0 \\ \vdots & \vdots & \ddots & \vdots & \vdots & & \vdots \\ 0 & 0 & \cdots & \sigma_r & 0 & \cdots & 0 \\ \vdots & \vdots & \ddots & \vdots & \vdots & & \vdots \\ 0 & 0 & \cdots & 0 & 0 & \cdots & 0 \end{pmatrix} = \Sigma \tag{A.20}$$

が得られる．この $U^\top AV = \Sigma$ に左右から U と $V^\top$ をかけると，

$$UU^\top AVV^\top = U\Sigma V^\top$$

となり，U と V は直交マトリクスであることから，結局，

$$A = U\Sigma V^{\top} \tag{A.21}$$

と書き表せることがわかる．これを**特異値分解**という．また，

$$U = (\boldsymbol{u}_1, \boldsymbol{u}_2, \cdots, \boldsymbol{u}_r, \boldsymbol{u}_{r+1}, \cdots, \boldsymbol{u}_m),$$
$$V^{\top} = (\boldsymbol{v}_1^{\top}, \boldsymbol{v}_2^{\top}, \cdots, \boldsymbol{v}_r^{\top}, \boldsymbol{v}_{r+1}^{\top}, \cdots, \boldsymbol{v}_n^{\top})^{\top} \tag{A.22}$$

であるから，特異値分解は，

$$A = \sum_{l=1}^{r} \sigma_l \boldsymbol{u}_l \boldsymbol{v}_l^{\top} \tag{A.23}$$

とも表現できる．

これまでは，$A^{\top}A$ を用いた特異値分解について説明したが，$AA^{\top}$ を用いた特異値分解についても同様で，$m \times m$ 対称マトリクスを取り扱うことになる．

つまり，特異値は固有値の考え方を拡張したものになっている．その仕組みは，正方ではないマトリクス A をいったん $A^{\top}A$ あるいは $AA^{\top}$ の対称マトリクスに変換して固有値分解を行うことで，対称マトリクスの好ましい性質を引き出そうとしているのである．

○**例**　図 A.1 は，マトリクス $A = \begin{pmatrix} 3 & 2 \\ 1 & 2 \end{pmatrix}$ によって変換された $\mathbb{R}^2$ での単位円 (l_2 ノルムの大きさが 1 のベクトル $\|\boldsymbol{x}\|_2 = 1$) が変換された先では楕円になっていることを示している．2 つの長径と短径は特異値

$$\sigma = \sqrt{9+\sqrt{65}},\ \sqrt{9-\sqrt{65}}$$

であり，両者をかけると $\sqrt{81-65} = \sqrt{16} = 4$ となって，デターミナントの絶対値 ($|\det(A)| = |3 \cdot 2 - 2 \cdot 1| = |6-2| = 4$) と等しいことがわかる．

マトリクス A の固有値は $\lambda = 4, 1$ であり，2 つの固有値をかけるとデターミナント $\det(A) = 4$ に等しい．しかしながら，マトリクス A は，対称マトリクスではないので特異値と固有値とは一致していない．つまり，A の固有値は長径と短径を表してはいない．ただ，固有値すべてをかけたものと特異値すべてをかけたものは等しい．　□

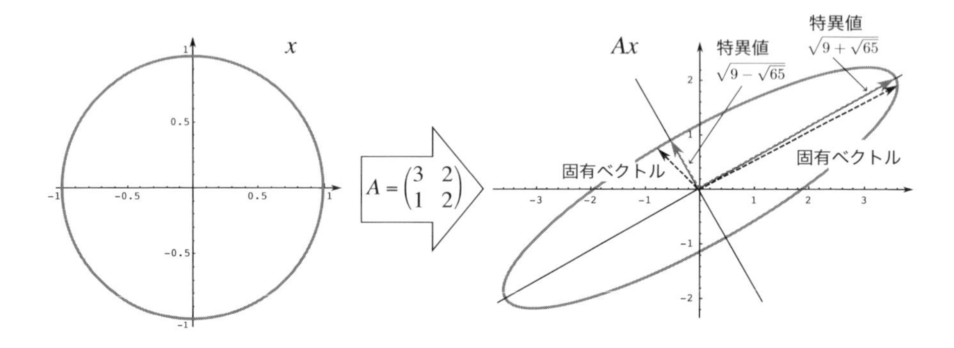

図 A.1 マトリクス A による l_2 ノルムの大きさが 1 のベクトル $\|\boldsymbol{x}\|_2 = 1$ の変換と変換後の楕円の長径と短径

A.2 ヤコビアンとデターミナント

マトリクス A を m 次の正方マトリクスとする．A の**デターミナント**を $\det(A)$ とし，次のいずれかで定義する．

定義 A.1 (定義 3.1 の再掲). σ を $\{1, \cdots, m\}$ の**置換**とし，置換によって i は $\sigma(i)$ に写るとする．また，S_m をすべての $\{1, \cdots, m\}$ の置換の集合とする．

互換を，$\{1, \cdots, m\}$ のどれか 2 つだけが置き換わる置換とする．

sgn を，σ が (偶数回の互換で置換ができる) **偶置換**のとき $\operatorname{sgn}(\sigma) = 1$，(奇数回の互換で置換ができる) **奇置換**のとき $\operatorname{sgn}(\sigma) = -1$ とする．

定義 A.2 (定義 3.2 の再掲). m 次元空間の一次独立なベクトル $\boldsymbol{v}_1, \cdots, \boldsymbol{v}_m \in \mathbb{R}^m$ が張る次の空間

$$P = \{a_1\boldsymbol{v}_1 + \cdots + a_m\boldsymbol{v}_m \mid 0 \leq a_1, \cdots, a_m \leq 1\} \tag{A.24}$$

を**平行長方体** (paralellepiped) と定義し，P の**符号付体積**を $\operatorname{vol}(P)$ とする．

定義 A.3 (定義 3.3 の再掲). m 次元空間のベクトル $\boldsymbol{v}_1, \cdots, \boldsymbol{v}_m \in \mathbb{R}^m$ からつくられるマトリクス $A = \begin{pmatrix} \boldsymbol{v}_1 & \cdots & \boldsymbol{v}_m \end{pmatrix}$ から $\mathbb{R}$ への関数 ϕ は次の性質をもつものとして定義する．

(1) A のある行に別の行のスカラー倍を加えても $\phi(A)$ は変わらない
(**多重線形性**).

(2) A のある行をスカラー k 倍すると $\phi(A)$ は k 倍になる.

(3) A の 2 つの行を入れ替えると $\phi(A)$ の符号が変わる.

(4) 単位マトリクス I_m に対し $\phi(I_m) = 1$ である.

このとき，次の定理が成り立つ.

定理 A.1 (定理 3.3 の再掲). A のデターミナントについて次の 3 つは同値である.

$$(1)\ \det(A) = \sum_{\sigma \in S_m} \mathrm{sgn}(\sigma) a_{1\sigma(1)} \cdots a_{m\sigma(m)} \tag{A.25}$$

$$(2)\ \det(A) = \mathrm{vol}(P) \tag{A.26}$$

$$(3)\ \det(A) = \phi(A) \tag{A.27}$$

証明 まず，演算子 $\wedge$ を定義する[2)].

$\mathbb{R}^m$ におけるベクトル $\boldsymbol{e}_i$ を，i 番目の要素が 1 で他はすべて 0 の単位ベクトルとする．この $\boldsymbol{e}_1$ から $\boldsymbol{e}_m$ までの m 個の単位ベクトルから重複を許して m 個を抜き取る．その場合の数は m^m である．抜き取った m 個すべてのベクトル $\{\boldsymbol{e}_1^*, \boldsymbol{e}_2^*, \cdots, \boldsymbol{e}_m^*\}$ に対して，演算子 $\wedge$ を，

$$\boldsymbol{e}_1^* \wedge \boldsymbol{e}_2^* \wedge \cdots \wedge \boldsymbol{e}_m^* = \begin{cases} 1 & (\text{すべての } \boldsymbol{e}_i^* \text{ が異なる}), \\ 0 & (\text{どれかの } i, j \text{ に対して } \boldsymbol{e}_i^* = \boldsymbol{e}_j^* \text{ となる}) \end{cases} \tag{A.28}$$

と定義する．つまり，演算子 $\wedge$ は，m 個の単位ベクトルがすべて一次独立な場合のみを抽出する演算子である．別のいい方をすれば，抽出された単位ベクトルはすべて異なり，並び方の順序だけが異なっている．その場合の数は $m!$ である．これは $1, 2, \cdots, m$ を置換する場合の数になる.

演算子 $\wedge$ を置換 $\sigma \in S_m$ の中に組み込むと，定義 A.1 の $\det(A)$ は，

$$\sum_{\tau \in T_m} \mathrm{sgn}(\tau)(a_{1\tau(1)}\boldsymbol{e}_1) \wedge \cdots \wedge (a_{i\tau(i)}\boldsymbol{e}_i) \wedge \cdots \wedge (a_{m\tau(m)}\boldsymbol{e}_m) \tag{A.29}$$

2) $\wedge$ は “ウェッジ” と読む.

と表すことができる．ここで，T_m は，$\{1, \cdots, m\}$ から重複を許して m 個選ぶ $\{1\tau(1), \cdots, m\tau(m)\}$ の集合とする．σ が定義されているところで，$\mathrm{sgn}(\tau) = \mathrm{sgn}(\sigma)$，それ以外は $\mathrm{sgn}(\tau) = 0$ である．

(A.25) → (A.27)

(A.25) 式によって $\det(A)$ を定義すると $\sum_{\sigma \in S_m} \mathrm{sgn}(\sigma) a_{1\sigma(1)} \cdots a_{m\sigma(m)}$ で，i と $\sigma(i)$ を交換すると $\sum_{\sigma \in S_m} \mathrm{sgn}(\sigma) a_{\sigma(1)1} \cdots a_{\sigma(m)m}$ のように，まったく同じ式が得られることから，$\det(A) = \det(A^{\mathsf{T}})$ が得られる．したがって，以下，行の交換の代わりに列の交換を行う．

(1) σ をそのままにして i, j 列の交換を行うと，$\sigma(i)$ と $\sigma(j)$ の (1 回の) 互換になるので，

$$\begin{aligned}&\sum_{\sigma \in S_m} \mathrm{sgn}(\sigma) a_{1\sigma(1)} \cdots a_{i\sigma(j)} \cdots a_{j\sigma(i)} \cdots a_{m\sigma(m)} \\ &\qquad = - \sum_{\sigma \in S_m} \mathrm{sgn}(\sigma) a_{1\sigma(1)} \cdots a_{i\sigma(i)} \cdots a_{j\sigma(j)} \cdots a_{m\sigma(m)} \end{aligned} \tag{A.30}$$

が得られる．

(2) $a_{i\sigma(i)}$ が $a_{i\sigma(i)} + k a_{j\sigma(j)}$ に変更されても，後ろの項は消えてしまう．なぜなら，

$$\begin{aligned}&\sum_{\tau \in T_m} \mathrm{sgn}(\tau)(a_{1\tau(1)} \boldsymbol{e}_1) \wedge \cdots \wedge ((a_{i\tau(i)} + k a_{j\tau(j)}) \boldsymbol{e}_i) \wedge \cdots \\ &\qquad \wedge (a_{j\tau(j)} \boldsymbol{e}_j) \wedge \cdots \wedge (a_{m\tau(m)} \boldsymbol{e}_m) \\ &= \sum_{\tau \in T_m} \mathrm{sgn}(\tau)(a_{1\tau(1)} \boldsymbol{e}_1) \wedge \cdots \wedge (a_{i\tau(i)} \boldsymbol{e}_i) \wedge \cdots \wedge (a_{j\tau(j)} \boldsymbol{e}_j) \\ &\qquad \wedge \cdots \wedge (a_{m\tau(m)} \boldsymbol{e}_m) \\ &\quad + \sum_{\tau \in T_m} \mathrm{sgn}(\tau)(a_{1\tau(1)} \boldsymbol{e}_1) \wedge \cdots \wedge (k a_{j\tau(j)} \boldsymbol{e}_i) \\ &\qquad \wedge \cdots \wedge (a_{j\tau(j)} \boldsymbol{e}_j) \wedge \cdots \wedge (a_{m\tau(m)} \boldsymbol{e}_m) \\ &= \sum_{\tau \in T_m} \mathrm{sgn}(\tau)(a_{1\tau(1)} \boldsymbol{e}_1) \wedge \cdots \wedge (a_{i\tau(i)} \boldsymbol{e}_i) \wedge \cdots \wedge (a_{j\tau(j)} \boldsymbol{e}_j) \\ &\qquad \wedge \cdots \wedge (a_{m\tau(m)} \boldsymbol{e}_m) \end{aligned} \tag{A.31}$$

だからである．

(3) i 列の $a_{i\sigma(i)}$ を k 倍すると $k a_{i\sigma(i)}$ になるので，$\det(A)$ は k 倍される．

(4) 単位マトリクス I では,

$$\sum_{\sigma \in S_m} \mathrm{sgn}(\sigma) a_{1\sigma(1)} \cdots a_{m\sigma(m)} \tag{A.32}$$

は

$$\det(I) = a_{11} \cdots a_{mm} = 1 \cdots 1 = 1 \tag{A.33}$$

になる.

(A.27) → (A.26)

$\phi(A)$ の 4 つの性質が $\mathrm{vol}(P)$ に適用できることを検証する.

(1) i 列と j 列が入れ替わるとする. このとき, i 列を除いた $m-1$ 個のベクトルで張られる m 次元空間での $m-1$ 次元の超平面 ($m-1$ 次元平行直方体) からみる i 列目のベクトルの向きと, j 列を除いた $m-1$ 個のベクトルで張られる m 次元空間での $m-1$ 次元の超平面 ($m-1$ 次元平行直方体) からみる j 列目のベクトルの向きは反対になるので, i 列と j 列が入れ替わるときの体積の絶対値は変わらず符号だけが変わる.

(2) m 個のベクトルで張られる平行長方体の体積を, j 列に i 列のスカラー k 倍を加えたものに変えたときの平行長方体の体積と比較する. 平行長方体の形は変わるが, m 個のベクトルから j 列を除いた $m-1$ 個のベクトルで張られる m 次元空間での $m-1$ 次元の超平面 ($m-1$ 次元平行直方体) に j 列のベクトルを加えてつくられる体積と, j 列を除いた $m-1$ 個のベクトルで張られる m 次元空間での $m-1$ 次元の超平面 ($m-1$ 次元平行直方体) に j 列に i 列のスカラー k 倍を加えたものからつくられる体積は, 超平面からベクトルの頂点までの距離が変化しないので, 変わらない.

(3) i 列ベクトルをスカラー k 倍したベクトルに変えたときの, m 個のベクトルで張られる平行長方体の体積は, $m-1$ 次元超平面は変わらず, 超平面からベクトルの頂点までの距離が k 倍に変化するので, 体積は k 倍になる.

(4) 大きさ 1 の m 個のベクトル $\{\boldsymbol{e}_1, \cdots, \boldsymbol{e}_m\}$ からつくられる m 次元平行直方体の体積は明らかに 1 である.

(A.26) → (A.25)

$\sum_{\sigma \in S_m} \mathrm{sgn}(\sigma) a_{1\sigma(1)} \cdots a_{m\sigma(m)}$ を $\sum_{\sigma \in S_m} \cdots$ と略す．vol(P) が det(A) であることを示せば，(A.25) 式の det(A) が $\sum_{\sigma \in S_m} \cdots$ であることから，vol(P) と $\sum_{\sigma \in S_m} \cdots$ は同じであることが示される．

vol(P) が det(A) であることを示そう．以下のように，**グラム・シュミットの直交化法**を使う．$A = \begin{pmatrix} \boldsymbol{v}_1 & \cdots & \boldsymbol{v}_m \end{pmatrix}$ の $\{\boldsymbol{v}_1, \cdots, \boldsymbol{v}_m\}$ は $\mathbb{R}^m$ を張る一次独立なベクトルであり，これを用いて，ベクトル $\{\boldsymbol{u}_1, \cdots, \boldsymbol{u}_m\} \in \mathbb{R}^m$ を，以下の手続きによって，

$$A = B^{(1)} \to B^{(2)} \to \cdots \to B^{(m)} \tag{A.34}$$

のように順につくっていく．

$$\begin{aligned}
\boldsymbol{u}_1 &= \boldsymbol{v}_1, \\
\boldsymbol{u}_2 &= \boldsymbol{v}_2 - \frac{\boldsymbol{v}_2 \cdot \boldsymbol{u}_1}{\boldsymbol{u}_1 \cdot \boldsymbol{u}_1}\boldsymbol{u}_1, \\
\boldsymbol{u}_3 &= \boldsymbol{v}_3 - \frac{\boldsymbol{v}_3 \cdot \boldsymbol{u}_1}{\boldsymbol{u}_1 \cdot \boldsymbol{u}_1}\boldsymbol{u}_1 - \frac{\boldsymbol{v}_3 \cdot \boldsymbol{u}_2}{\boldsymbol{u}_2 \cdot \boldsymbol{u}_2}\boldsymbol{u}_2, \\
&\ \ \vdots \\
\boldsymbol{u}_k &= \boldsymbol{v}_k - \frac{\boldsymbol{v}_k \cdot \boldsymbol{u}_1}{\boldsymbol{u}_1 \cdot \boldsymbol{u}_1}\boldsymbol{u}_1 - \frac{\boldsymbol{v}_k \cdot \boldsymbol{u}_2}{\boldsymbol{u}_2 \cdot \boldsymbol{u}_2}\boldsymbol{u}_2 - \cdots - \frac{\boldsymbol{v}_k \cdot \boldsymbol{u}_{k-1}}{\boldsymbol{u}_{k-1} \cdot \boldsymbol{u}_{k-1}}\boldsymbol{u}_{k-1}, \\
B^{(k)} &= (\boldsymbol{u}_1, \cdots, \boldsymbol{u}_k, \boldsymbol{v}_{k+1}, \cdots, \boldsymbol{v}_m)
\end{aligned}$$

$B^{(m)} = B = (\boldsymbol{u}_1 \cdots \boldsymbol{u}_m)$ とする．$A = \begin{pmatrix} \boldsymbol{v}_1 & \cdots & \boldsymbol{v}_m \end{pmatrix}$ から，$\begin{pmatrix} \boldsymbol{u}_1 & \cdots & \boldsymbol{v}_m \end{pmatrix}$，$\cdots, \begin{pmatrix} \boldsymbol{u}_1 & \cdots & \boldsymbol{u}_m \end{pmatrix}$ と順にマトリクスを変えていっても，多重線形性を使っているので，

$$\det(A) = \det(B^{(1)}) = \det(B^{(2)}) = \cdots = \det(B^{(m)}) \tag{A.35}$$

のように，これらいずれのデターミナントも同じ値のままで変化しない．つまり，$\det(A) = \det(B)$ である．

次に，$Q^{(k)}$ を，$B^{(k)}$ が張る次の空間

$$Q^{(k)} = \{a_1\boldsymbol{u}_1 + \cdots + a_k\boldsymbol{u}_k + a_{k+1}\boldsymbol{v}_{k+1} + \cdots + a_m\boldsymbol{v}_m \mid 0 \leq a_1, \cdots, a_m \leq 1\} \tag{A.36}$$

と定義する．$B^{(k)}$ と $\boldsymbol{v}_{k+1}$ から $B^{(k+1)}$ をつくるとき，$\boldsymbol{u}_{k+1}$ は，互いに直交する一次独立なベクトル $\boldsymbol{u}_1, \cdots, \boldsymbol{u}_k$ からつくられる超平面に直交するベクトル方向に $\boldsymbol{v}_{k+1}$ を射影したものになっているため，

$$\mathrm{vol}(Q^{(k+1)}) = \mathrm{vol}(Q^{(k)}) \tag{A.37}$$

である．したがって，

$$\mathrm{vol}(P) = \mathrm{vol}(Q^{(1)}) = \cdots = \mathrm{vol}(Q^{(m-1)}) = \mathrm{vol}(Q^{(m)}) \tag{A.38}$$

となる．

一方，$B = \begin{pmatrix}\boldsymbol{u}_1 & \cdots & \boldsymbol{u}_m\end{pmatrix}$ の $\{\boldsymbol{u}_1, \cdots, \boldsymbol{u}_m\}$ は互いに直交するベクトルとなっているため，

$$\begin{aligned}
B^\top B &= \begin{pmatrix}\boldsymbol{u}_1^\top & \cdots & \boldsymbol{u}_m^\top\end{pmatrix}^\top \begin{pmatrix}\boldsymbol{u}_1 & \cdots & \boldsymbol{u}_m\end{pmatrix} \\
&= \begin{pmatrix}
\boldsymbol{u}_1^\top\boldsymbol{u}_1 & \cdots & \cdots & \boldsymbol{u}_1^\top\boldsymbol{u}_m \\
\boldsymbol{u}_2^\top\boldsymbol{u}_1 & \boldsymbol{u}_2^\top\boldsymbol{u}_2 & \cdots & \boldsymbol{u}_2^\top\boldsymbol{u}_m \\
\vdots & \vdots & \ddots & \vdots \\
\boldsymbol{u}_m^\top\boldsymbol{u}_1 & \boldsymbol{u}_m^\top\boldsymbol{u}_2 & \cdots & \boldsymbol{u}_m^\top\boldsymbol{u}_m
\end{pmatrix} \\
&= \begin{pmatrix}
\boldsymbol{u}_1^\top\boldsymbol{u}_1 & \cdots & \cdots & 0 \\
0 & \boldsymbol{u}_2^\top\boldsymbol{u}_2 & \cdots & 0 \\
\vdots & \vdots & \ddots & \vdots \\
0 & 0 & \cdots & \boldsymbol{u}_m^\top\boldsymbol{u}_m
\end{pmatrix}
\end{aligned} \tag{A.39}$$

となる．$\det(B^\top) = \det(B)$ であるから，$\det(B^\top B) = \det(B)^2$ であり，上のマトリクスから，これは $\|\boldsymbol{u}_1\|^2 \cdots \|\boldsymbol{u}_m\|^2$ に等しいので，

$$\det(B) = \|\boldsymbol{u}_1\| \cdots \|\boldsymbol{u}_m\| \tag{A.40}$$

となる．$\{\boldsymbol{u}_1, \cdots, \boldsymbol{u}_m\}$ は直交しているので，それぞれのベクトルの長さをすべてかけた値は $\{\boldsymbol{u}_1, \cdots, \boldsymbol{u}_m\}$ のそれぞれのベクトルの先端点がつくる平行長方体 Q の体積 $(\mathrm{vol}(Q) = \mathrm{vol}(Q^{(m)}))$ に等しくなっている．したがって，$\det(A) = \det(B)$ と $\det(B) = \mathrm{vol}(Q) = \mathrm{vol}(P)$ から，$\det(A) = \mathrm{vol}(P)$ となる．■

補題 $\det(A)$ の値は，A を基本変形によって対角上の要素よりも下の要素すべてが 0 である**上三角マトリクス**に変形したマトリクスのすべての対角要素の積に等しい．

証明 定義 A.3 の関数 ϕ の性質 (1) を A に施すことによって，$\det(A)$ の値を変更することなく A を基本変形によって，対角上の要素よりも下の要素すべてが 0 である上三角マトリクスに変形できる．このとき，定義 A.1 を使えば，

$$\begin{aligned}\det(A) &= \sum_{\sigma \in S_m} \operatorname{sgn}(\sigma) a_{1\sigma(1)} \cdots a_{m\sigma(m)} \\ &= \sum_{\sigma \in S_m} \operatorname{sgn}(\sigma) a^{(1)}_{1\sigma(1)} \cdots a^{(m)}_{m\sigma(m)} \end{aligned} \tag{A.41}$$

の $a^{(i)}_{i\sigma(i)}$ で，$i > \sigma(i)$ となる $a^{(i)}_{i\sigma(i)}$ はすべて 0 になるため，上の式で残る項は，結局，$a^{(1)}_{11} \cdots a^{(i)}_{ii} \cdots a^{(m)}_{mm}$ だけになる．

ここで，基本変形，および $a^{(i)}_{ii}$ は，

$$A = A^{(1)} \to A^{(2)} \to \cdots \to A^{(m)} \tag{A.42}$$

を

$$A^{(k)} = \begin{pmatrix} a^{(k)}_{11} & \cdots & & a^{(k)}_{1k} & \cdots & a^{(k)}_{1j} & \cdots & a^{(k)}_{1m} \\ \vdots & \ddots & & \vdots & & \vdots & & \vdots \\ 0 & \cdots & 0 & a^{(k)}_{kk} & \cdots & a^{(k)}_{kj} & \cdots & a^{(k)}_{km} \\ \vdots & & & \vdots & & \vdots & & \vdots \\ 0 & \cdots & 0 & a^{(k)}_{ik} & \cdots & a^{(k)}_{ij} & \cdots & a^{(k)}_{im} \\ \vdots & & & \vdots & & \vdots & & \vdots \\ 0 & \cdots & 0 & a^{(k)}_{mk} & \cdots & a^{(k)}_{mj} & \cdots & a^{(k)}_{mm} \end{pmatrix} \tag{A.43}$$

に行っていくこととする．このときの $a^{(k+1)}_{ij}$ は，

$$a^{(k+1)}_{ij} = \begin{cases} a^{(k)}_{ij} & (i \le k), \\ a^{(k)}_{ij} - \dfrac{a^{(k)}_{ik}}{a^{(k)}_{kk}} a^{(k)}_{kj} & (i \ge k+1,\ j \ge k+1), \\ 0 & (i \ge k+1,\ j \le k) \end{cases} \tag{A.44}$$

によってつくられていく．

この操作を行うと，$\det(A)$ の値は，上三角マトリクスのすべての対角要素の積によって計算できることがわかる．■

例題 A.1.
$$J = \begin{pmatrix} \cos\theta & -r\sin\theta \\ \sin\theta & r\cos\theta \end{pmatrix}$$
のときの $\det(J)$ を求めよ．

【解】　基本変形によって，J を上三角マトリクスに変形する．

$$\begin{aligned}
\det(J) &= \det\begin{pmatrix} \cos\theta & -r\sin\theta \\ \sin\theta & r\cos\theta \end{pmatrix} \\
&= \det\begin{pmatrix} \cos\theta & -r\sin\theta \\ 0 & r\cos\theta - \frac{\sin\theta}{\cos\theta}(-r\sin\theta) \end{pmatrix} \\
&= \cos\theta\left(r\cos\theta - \frac{\sin\theta}{\cos\theta}(-r\sin\theta)\right) \\
&= r(\cos^2\theta + \sin^2\theta) = r
\end{aligned}$$
□

例題 A.2. (A.27) 式の $\phi(A)$ の定義に従って，マトリクス $A = \begin{pmatrix} a & b \\ c & d \end{pmatrix}$ の $\det(A)$ を求めよ．

【解】　$a \neq 0$ のとき，

$$\begin{aligned}
\det\begin{pmatrix} a & b \\ c & d \end{pmatrix} &= a\det\begin{pmatrix} 1 & \frac{b}{a} \\ c & d \end{pmatrix} = a\det\begin{pmatrix} 1 & \frac{b}{a} \\ 0 & d - c\frac{b}{a} \end{pmatrix} \\
&= a\left(d - c\frac{b}{a}\right)\det\begin{pmatrix} 1 & 0 \\ 0 & 1 \end{pmatrix} = ad - bc,
\end{aligned}$$

$a = 0$ のとき，

$$\begin{aligned}
\det\begin{pmatrix} a & b \\ c & d \end{pmatrix} &= \det\begin{pmatrix} 0 & b \\ c & d \end{pmatrix} = -\det\begin{pmatrix} c & d \\ 0 & b \end{pmatrix} \\
&= -bc\det\begin{pmatrix} 1 & 0 \\ 0 & 1 \end{pmatrix} = -bc.
\end{aligned}$$
□

B
アダプティブオンライン演習「愛あるって」

B.1 「愛あるって」の理論的背景

本書に付随したアダプティブオンライン演習「愛あるって」は，**項目反応理論** (Item Response Theory といい，IRT という略語を用いる) を背景とした新しい評価法を用いている．これまでの評価法では，各問題にはあらかじめ配点が与えられ，それぞれの問題の得点を合計した総得点が評価値であった．同じ試験を多くの人に課せば全員の総得点が得られる．そこから平均や標準偏差を算出すれば，自分の相対的な評価値を偏差値という形で求めることができる．しかし，問題の配点を変えれば総得点が違ってくる場合がある．配点によって評価値が変わるのは公正な評価法とはいえないかもしれない．そこで，各受験者の評価値に加えて問題の難易度も同時に求めながら，公正で公平な評価法が提案された．これが IRT による評価法である．この理論は，これまでに TOEFL など多くの公的な場面で適用されている．このテキストではこの評価法を用いた演習をオンラインで行うことができる．

IRT では，各問題 j に対する受験者 i の評価確率 $P_j(\theta_i; a_j, b_j, c_j)$ がロジスティック分布，すなわち，

$$P_j(\theta_i; a_j, b_j, c_j) = c_j + \frac{1}{1 + \exp\{-1.7a_j(\theta_i - b_j)\}} \tag{B.1}$$

に従っていると仮定する．a_j, b_j, c_j は，それぞれ問題 j の**識別力** (簡単にいうと，問題の良し悪しを表す)，**困難度** (文字どおり，問題の難易度を表す)，

当て推量 (偶然に正答する確率を表す)，θ_i は受験者 i の**学習習熟度** (ability) を表している．数値 1.7 は分布が標準正規分布に近くなるように調整された定数である．受験者 $i = 1, 2, \cdots, N$ が項目 $j = 1, 2, \cdots, n$ に対して取り組んだ結果，その解答が正答なら $\delta_{i,j} = 1$，誤答なら $\delta_{i,j} = 0$ と書き表すと，すべての受験者がすべての問題に挑戦した結果 (これを**反応パターン**という) の確率は，独立事象を仮定すれば，$c_j = 0$ と仮定した場合，

$$L = \prod_{i=1}^{N} \prod_{j=1}^{n} P_j(\theta_i; a_j, b_j)^{\delta_{i,j}} (1 - P_j(\theta_i; a_j, b_j))^{1-\delta_{i,j}} \tag{B.2}$$

と表される．これを**尤度関数**という．図 B.1 に，IRT による評価の過程のイメージを示す．

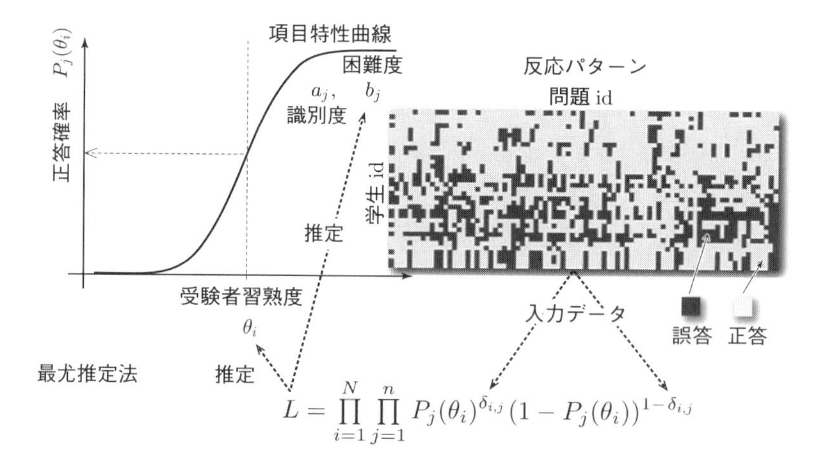

図 B.1　項目反応理論 (IRT) による評価の過程

誤答 0 と正答 1 からなる $\delta_{i,j}$ を (B.2) 式の尤度関数 L に代入し，それを最大にするような a_j, b_j, θ_i を同時に求めるのが IRT による評価法である．

ここで，なぜ古典的な評価法ではなく IRT を使った評価法が適切なのかについて考えてみる．いま，A，B 両君が 13 問の数学問題に挑戦し，$\delta_{i,j}$ の値が問題順に，

A　1111110001011

B　1011110011011

であったとする．2 問目と 9 問目で正誤が入れ替わっているだけで他は同じ解答パターンなので，正答率はどちらも同じ値 0.69 となる．しかし，A, B 以外の受験者も加えて IRT を使って問題の難易度 b_j を計算してみると，2 問目では 2.3，9 問目では 1.2 なので，2 問目を正答した A 君のほうが学習習熟度が高いと考えるのが自然であると思われる．実際，A, B 両君の ability (習熟度を表す指標で θ_i のこと) を求めてみると，それぞれ 1.70, 1.56 である．IRT は自然な配点を自動的に行っていることがわかる．この例は，IRT のほうがよりふさわしい学習習熟度の評価値を与えていることを示唆している．

このオンライン演習では，問題の出題時には問題の難易度はすでに与えられている．受験者には，まず平均的なレベルの問題が与えられる．その問題が解けると少し難しい問題が与えられる．解けなければもう少しやさしい問題になる．このようにいくつかの問題を解いていくうちに自分の習熟度レベルと問題のレベルとが段々一致してくる．何問か解いた時点で最終的な評価点をだす．これを**アダプティブオンラインテスティング**という．

アダプティブオンラインテスティングでは，困難度はあらかじめ与えられているので未知数は θ_i だけと少なくなり，したがって習熟度を推定する計算する手間は IRT よりも簡単になる．ただし，ときおり行う難易度の調整の計算は通

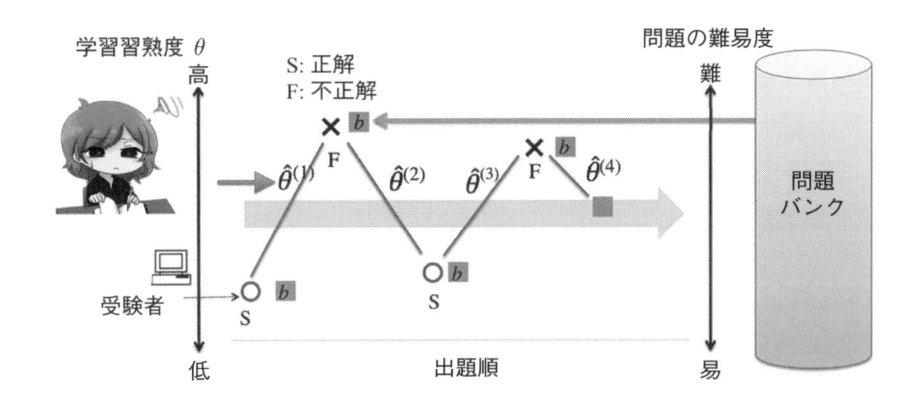

図 B.2 アダプティブオンラインテスティングでの推定過程．ここで，b は出題レベル，$\widehat{\theta}$ は受験者の習熟度のその都度の推定値を表す．

常の IRT よりも計算の手間は大きくなる．図 B.2 に，アダプティブオンラインテスティングでの推定過程のイメージを示す．

B.2　「愛あるって」の使い方

B.2.1　初期登録手続き

「愛あるって」では，初期登録を行った後，問題を解答するシステムになっている．

初期登録は以下の手順に従って行う．

1. 培風館のホームページ

   https://www.baifukan.co.jp/shoseki/kanren.html

   にアクセスし，本書の「愛あるって」をクリックする．
2. システムにアクセスすると，ログイン ID とパスワードが求めらる．
3. すでにログイン ID をもっているユーザは登録されたユーザ ID とパスワードを入力してログインする．まだ登録していない場合，

   「ユーザ ID をお持ちでない方は コチラ」

   をクリックする．その後，ユーザ ID，ログイン ID，パスワードを入力する．「登録」ボタンを押すと登録が完了する．

B.2.2　実際の利用法

1. 登録後にシステムにログインすると，受験トップ画面が現れるので，図 B.3 のように演習を行いたい章を選択し，「開始」ボタンを押す．
2. 開始されると図 B.4 のような問題画面が表示されるので，問題をよく読み，各問に対応した選択肢から，正解を選んでクリックする．

   解き終えたら「回答して次へ」のボタンを押す．最後の問題を解き終えた場合は「解答して終了」ボタンを押す．
3. 問題を解き終えると図 B.5 のような画面が表示され，各問題を解くごとに推定されたあなたの習熟度がグラフ化される．「成績一覧」では，過去の習熟度の変化や全体におけるあなたのランク (S, A, B, C, D の 5 段階評価) をグラフで見ることができる．

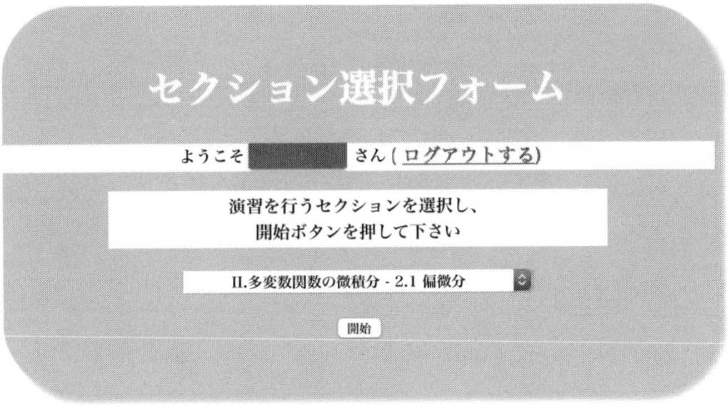

セクション選択フォーム

ようこそ　さん (ログアウトする)

演習を行うセクションを選択し、
開始ボタンを押して下さい

II.多変数関数の微積分 - 2.1 偏微分

開始

図 B.3　演習を行いたい章を選択

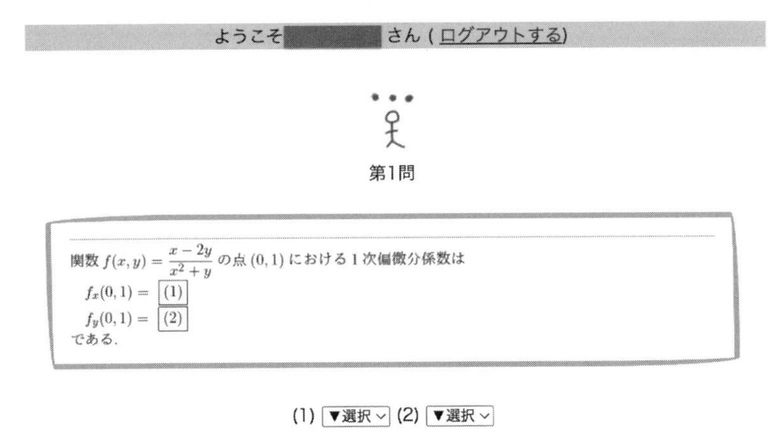

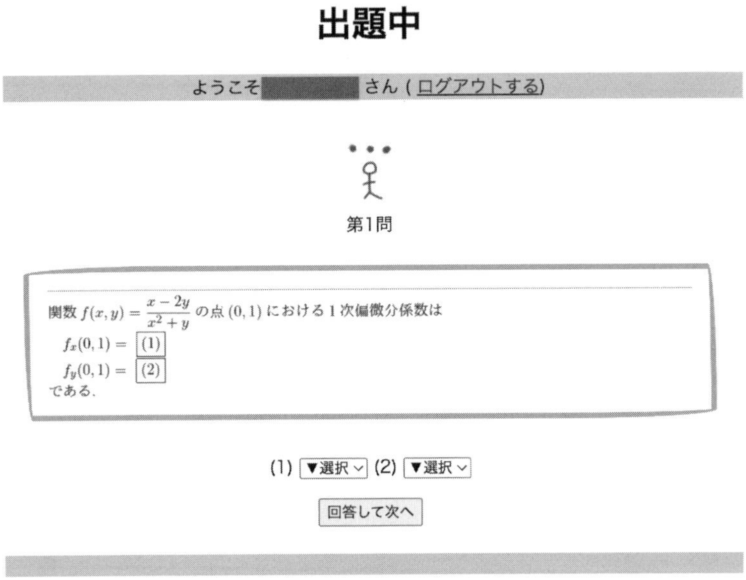

図 B.4　第 3 問目

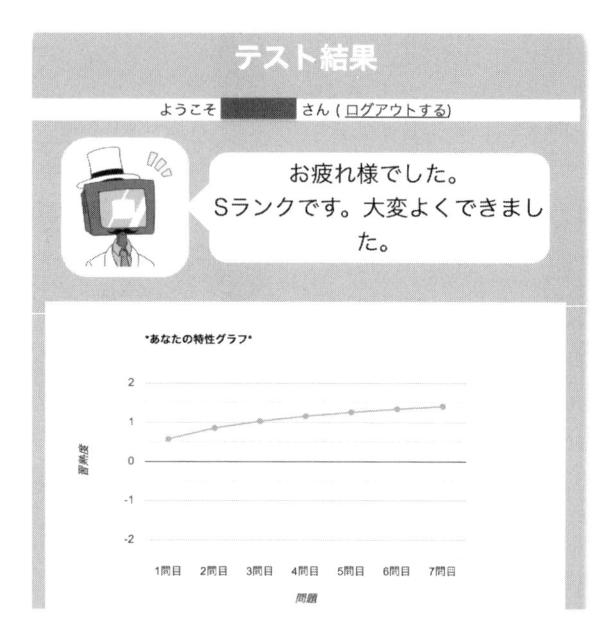

図 B.5　習熟度の変化と 5 段階評価

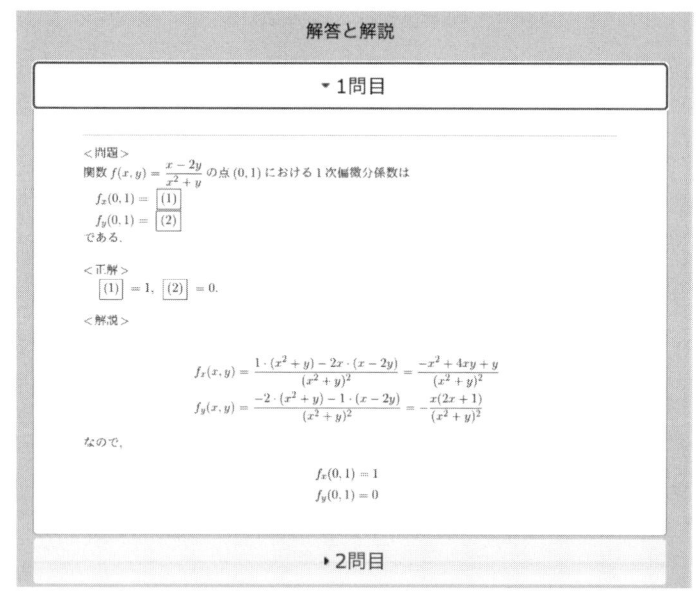

図 B.6　解 説 画 面

その下には，図 B.6 のような画面が表示され，問題番号をクリックすれば正答と解説が表示される．

「印刷する」ボタンをクリックすると受験した内容を pdf に出力した後，印刷することができる．

また，**リーダーボード**には自分と上位 10 人の「愛ポイント」が掲載されている．

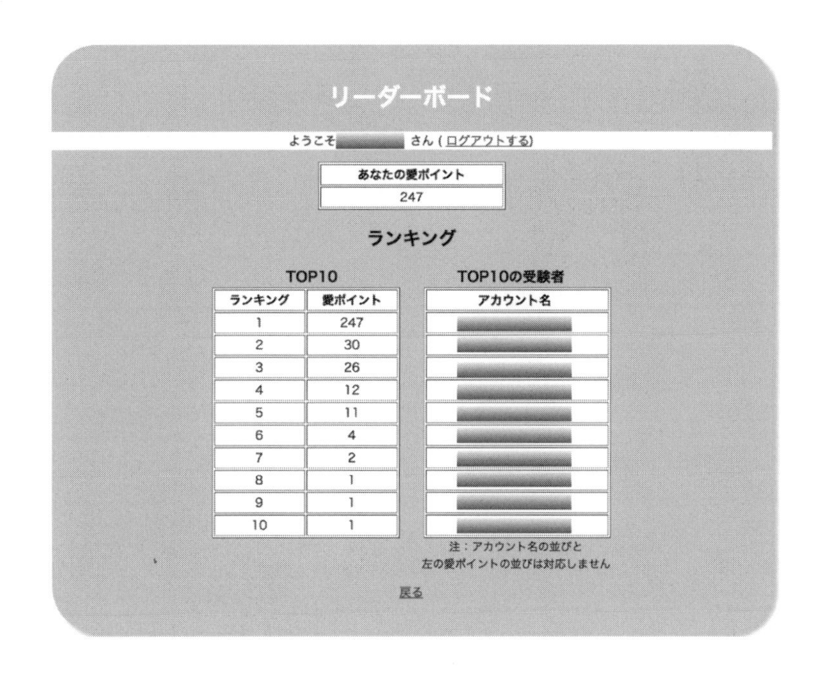

図 B.7 リーダーボード

参考文献

[1] 杉浦光夫，解析入門 I，東京大学出版会，1980.

[2] 小林昭七，続微分積分読本，裳華房，2014.

[3] 廣瀬英雄・高藤政典・山内雄介・小山哲也，1 変数の微積分＝ Web アシスト演習付き，培風館，2020.

[4] 水田義弘，詳解演習微分積分，サイエンス社，2015.

[5] 広島工業大学数学グループ，微分積分学，広島工業大学，2018.

[6] 佐武一郎，線形代数学，裳華房，2015.

[7] 廣瀬英雄，実例で学ぶ確率・統計，日本評論社，2014.

[8] 廣瀬英雄，推薦システム—マトリクス分解の多彩なすがた，共立出版，2022.

[9] 廣瀬英雄，推薦システム—推薦システムの多彩な世界，応用統計シンポジウム 2023.

[10] Edward D. Gaughan, Introduction to Analysis, American Mathematical Society, 2009.

[11] Serge Lang, Linear Algebra, (3rd ed.), Springer, 1987.

[12] Irina Rish, Genady Ya. Grabarnik, Sparse Modeling, CRC Press, 2015.

[13] H. Rockette, C.E. Antle and L.A. Klimko, Maximum Likelihood Estimation with the Weibulll Model, Journal of the American Statistical Association, 69, 246–249, 1974.

[14] Trevor Hastie, Robert Tibshirani, Jerome Friedman, The Elements of Statistical Learning, 2'nd edi., Springer, 2009.

[15] Gilbert Strang, Multiplying and Factoring Matrices, The American Mathematical Monthly, 223–230, 2018.

[16] `https://hirosehideo.com/stat-service/`

[17] `https://www.wolframalpha.com/`

章末問題の略解

第1章の章末問題

問1： 原点と点 $(1, k)$ を結ぶ直線 $y = kx$ に沿った極限を考える.

$$\frac{x^2 + xy + y^2}{\sqrt{x^4 + y^4}} = \frac{x^2(1 + k + k^2)}{x^2\sqrt{1 + k^4}} = \frac{1 + k + k^2}{\sqrt{1 + k^4}}$$

なので，k の値によって $x \to 0$ のときの極限が異なってくる．したがって，極限値はない.

問2： 小さい数 $\varepsilon > 0$ をとる．$\delta = \varepsilon^{1/4}$ とする．$|x|, |y|, |z| < \delta$ のとき，

$$0 < \frac{x^2y^2z^2}{x^2 + y^2 + z^2} < \frac{x^2y^2z^2}{x^2 + y^2} = z^2\frac{x^2y^2}{x^2 + y^2} < z^2\frac{x^2y^2}{x^2} = z^2y^2 < \delta^4 < \varepsilon.$$

したがって，

$$\lim_{(x,y,z)\to(0,0,0)} \frac{x^2y^2z^2}{x^2 + y^2 + z^2} = 0.$$

問3： 曲線 $y^3 = kx$ に沿った極限を考える.

$$\frac{x - y^3}{x + y^3} = \frac{x - kx}{x + kx} = \frac{1 - k}{1 + k}$$

なので，k の値によって $x \to 0$ のときの極限が異なってくる．したがって，極限値はない．もちろん，連続ではない.

問4： $r^2 = x^2 + y^2$ とおくと，

$$\lim_{(x,y)\to(0,0)} \frac{\sin(x^2 + y^2)}{x^2 + y^2} = \lim_{r^2\to 0} \frac{\sin(r^2)}{r^2} \to 1$$

であり，$\displaystyle\lim_{(x,y)\to(0,0)} f(x, y) = f(0, 0)$ なので，連続になる.

問5： 一様連続ではない．これを示すために，$y = 0$ の x 軸上で一様連続性が成り立たないことを示す.

すべての $\delta > 0$ に対して，x と d を，$0 < d < \delta$，$0 < x < \dfrac{d}{e - 1}$ となるようにとる．このとき，

$$|(x + d) - d| = d < \delta$$

でありながら，

$$|f(x+d,0)-f(x,0)| = \log\left(1+\frac{d}{x}\right) > \log e = 1$$

となる．

第 2 章の章末問題

問 1： (1) $f_x(x,y) = e^{x+y}(\cos x + \sin y) + e^{x+y}(-\sin x)$
$= e^{x+y}(\cos x + \sin y - \sin x)$

(2) $f_y(x,y) = e^{x+y}(\cos x + \sin y) + e^{x+y}\cos y = e^{x+y}(\cos x + \sin y + \cos y)$

(3) $f_{xx}(x,y) = e^{x+y}(\cos x + \sin y - \sin x) + e^{x+y}(-\sin x - \cos x)$
$= e^{x+y}(-2\sin x + \sin y)$

(4) $f_{xy}(x,y) = e^{x+y}(\cos x + \sin y - \sin x) + e^{x+y}(\cos y)$
$= e^{x+y}(\cos x + \sin y - \sin x + \cos y)$

(5) $f_{yy}(x,y) = e^{x+y}(\cos x + \sin y + \cos y) + e^{x+y}(\cos y - \sin y)$
$= e^{x+y}(\cos x + \sin y - \sin x + \cos y)$

問 2： (1) 省略

(2) $z_x = e^x(\cos y + \sin y)$, $z_y = e^x(-\sin y + \cos y)$, $z_{xx} = e^x(\cos y + \sin y)$, $z_{xy} = e^x(-\sin y + \cos y)$, $z_{yy} = e^x(-\sin y - \cos y)$ なので，

$$\begin{aligned} z &= z(0,0) + xz_x(0,0) + yz_y(0,0) \\ &\quad + \frac{1}{2}\left\{x^2 z_{xx}(\theta x,\theta y) + 2xyz_{xy}(\theta x,\theta y) + z_{yy}(\theta x,\theta y)\right\} \\ &= 1 + x + y \\ &\quad + \frac{1}{2}\left\{x^2 e^{\theta x}(\cos(\theta y) + \sin(\theta y)) + 2xye^{\theta x}(-\sin(\theta y) + \cos(\theta y)) \right. \\ &\qquad \left. + x^2 e^{\theta x}(-\cos(\theta y) - \sin(\theta y))\right\}. \end{aligned}$$

問 3： (1) $f_x = 4x^3 - 6axy = 0$, $f_y = -3ax^2 - 3y^2 = 0$ を満たす点は $(x,y) = (0,0)$, $(x,y) = \left(-\frac{3}{2}\sqrt{-a^3}, -\frac{3}{2}\sqrt{-a^3}\right)$, $(x,y) = \left(\frac{3}{2}\sqrt{-a^3}, -\frac{3}{2}\sqrt{-a^3}\right)$.

(2) $f_{xx} = 12x^2 - 6ay$, $f_{xy} = f_{yx} = -6ax$, $f_{yy} = -6y$ であるから，
$(x,y) = (0,0)$ で，$D = 0$,
$(x,y) = \left(-\frac{3}{2}\sqrt{-a^3}, -\frac{3}{2}\sqrt{-a^3}\right)$ で，$D = -81a^5$,
$(x,y) = \left(\frac{3}{2}\sqrt{-a^3}, -\frac{3}{2}\sqrt{-a^3}\right)$ で，$D = -81a^5$.

(3) $(x,y)=(0,0)$ のとき，$f(x,y)$ は極値をとるかどうかわからない．

$(x,y)=\left(-\dfrac{3}{2}\sqrt{-a^3},-\dfrac{3}{2}\sqrt{-a^3}\right)$，および $(x,y)=\left(\dfrac{3}{2}\sqrt{-a^3},-\dfrac{3}{2}\sqrt{-a^3}\right)$ のとき，$D=-81a^5>0$ で，$f_{xx}=-18a^3>0$ なので，$f(x,y)$ は極大値をとる．

問 4： (1) $\dfrac{dy}{dx}=-\dfrac{F_x(x,y)}{F_y(x,y)}$ (2) $\dfrac{dy}{dx}=\dfrac{4x-y}{x-2y}$

問 5： (1) $$f=\sqrt{x_1}+\cdots+\sqrt{x_m},\quad g=1-(x_1^2+\cdots+x_m^2)$$
とする．ここで
$$F=f-\lambda g$$
とおけば,
$$f_{x_i}=\frac{1}{\sqrt{2x_i}},\quad g_{x_i}=-2x_i$$
なので,
$$F_{x_i}=f_{x_i}-\lambda g_{x_i}=\frac{1}{\sqrt{2x_i}}-\lambda(-2x_i)=0$$
より，$x_1=\cdots=x_m$ が極値をとる点 $(x_1,\cdots,x_m)$ の候補になる．$g(x_1,\cdots,x_1)=1-mx_1^2=0$ を解いて，$x_1=\cdots=x_m=\pm\dfrac{1}{\sqrt{m}}$ が得られる．このとき，$\sqrt{x_1}+\cdots+\sqrt{x_m}$ の最大値は $x_1=\cdots=x_m=\dfrac{1}{\sqrt{m}}$ のときで，$\dfrac{m}{\sqrt{m}}=\sqrt{m}$ になる．最小値は，ある i で $x_i=1$，他のすべての $j\neq i$ で $x_j=0$ のときで，1 になる．

(2) $$f=x_1^2+\cdots+x_m^2,\quad g=1-(\sqrt{x_1}+\cdots+\sqrt{x_m})$$
とする．
$$F=f-\lambda g$$
とおけば,
$$f_{x_i}=2x_i,\quad g_{x_i}=-\frac{1}{\sqrt{2x_i}}$$
なので,
$$F_{x_i}=f_{x_i}-\lambda g_{x_i}=2x_i-\lambda\left(-\frac{1}{\sqrt{2x_i}}\right)$$
より，$x_1=\cdots=x_m$ が極値をとる点 $(x_1,\cdots,x_m)$ の候補になる．$g(x_1,\cdots,x_1)=1-m\sqrt{x_1}=0$ を解いて，$x_1=\left(\dfrac{1}{m}\right)^2$ が得られる．このとき，$x_1^2+\cdots+x_m^2$ の最小値は，$m\left(\dfrac{1}{m}\right)^4=\dfrac{1}{m^3}$ になる．最大値は，ある i で $x_i=1$，他のすべての $j\neq i$ で $x_j=0$ のときで，1 になる．

第 3 章の章末問題

問 1：

$$S_\Delta(f) = \sum_{j=1}^{m}\sum_{k=1}^{n} x_k^3(x_k - x_{k-1})(y_j - y_{j-1}),$$

$$s_\Delta(f) = \sum_{j=1}^{m}\sum_{k=1}^{n} x_{k-1}^3(x_k - x_{k-1})(y_j - y_{j-1})$$

である．$\varepsilon = \max\{x_k - x_{k-1},\ k = 1, \cdots, m\}$ とするとき，

$$S_\Delta(f) - s_\Delta(f) = \sum_{j=1}^{m}\sum_{k=1}^{n}(x_k - x_{k-1})^3(y_j - y_{j-1}) \le \varepsilon^2(d-c)$$

なので，$S_\Delta(f) - s_\Delta(f) \to 0\ (\varepsilon \to 0)$ となる．

$$\begin{aligned}T_\Delta(f) &= \frac{1}{4}\left\{S_\Delta(f)^3 + S_\Delta(f)^2 s_\Delta(f) + S_\Delta(f) s_\Delta(f)^2 + s_\Delta(f)^3\right\}\\ &= \frac{1}{4}\sum_{j=1}^{m}\sum_{k=1}^{n}(x_k^4 - x_{k-1}^4)(y_j - y_{j-1})\\ &= \frac{1}{4}\sum_{k=1}^{n}(b^4 - a^4)(y_j - y_{j-1})\\ &= \frac{1}{4}(b^4 - a^4)(d-c)\end{aligned}$$

であるが，$S_\Delta(f) \le T_\Delta(f) \le s_\Delta(f)$ から，

$$\int_D x\,dxdy = \frac{1}{4}(b^4 - a^4)(d-c)$$

となる．

問 2：

$$\begin{aligned}\int_D \frac{\sqrt{y}}{\sqrt{1+x^2}}\,dxdy &= \int_1^2 \frac{1}{\sqrt{1+x^2}}\,dx \int_3^4 \sqrt{y}\ dy\\ &= \left[-\log\left(\sqrt{1+x^2} - x\right)\right]_1^2 \left[\frac{3}{2}y^{\frac{3}{2}}\right]_3^4\\ &= \frac{2}{3}(8 - 3\sqrt{3})\left(\log(\sqrt{2}-1) - \log(\sqrt{5}-2)\right)\end{aligned}$$

あるいは，同じであるが，

$$\begin{aligned}\int_D \frac{\sqrt{y}}{\sqrt{1+x^2}}\,dxdy &= \int_1^2 \frac{1}{\sqrt{1+x^2}}\,dx \int_3^4 \sqrt{y}\ dy\\ &= \left[\log\left(x + \sqrt{1+x^2}\right)\right]_1^2 \left[\frac{3}{2}y^{\frac{3}{2}}\right]_3^4\\ &= \frac{2}{3}(8 - 3\sqrt{3})\left(\log(\sqrt{5}+2) - \log(\sqrt{2}+1)\right)\end{aligned}$$

問 3：

$$\int_D xy\,dxdy = \int_0^1 \left(\int_0^{\sqrt{y-y^2}} xy\,dx \right) dy$$
$$= \int_0^1 \left[y\frac{x^2}{2} \right]_0^{\sqrt{y-y^2}} dy$$
$$= \frac{1}{2}\int_0^1 y(y-y^2)\,dy$$
$$= \frac{1}{2}\left[\frac{y^3}{3} - \frac{y^4}{4} \right]_0^1 = \frac{1}{6} - \frac{1}{8} = \frac{1}{24}$$

問 4： $E = \{(x,y) \mid x \geq 0,\, y \geq 0,\, z+y \leq 1\}$ とする．

$$\int_D 1\,dxdydz = \int_E \left(\int_0^{1-x-y} dz \right) dxdy$$
$$= \int_E (1-x-y)\,dxdy$$
$$= \int_0^1 \left(\int_0^{1-x} (1-x-y)\,dy \right) dx$$
$$= \int_0^1 \left[(1-x)y - \frac{y^2}{2} \right]_0^{1-x} dx$$
$$= \frac{1}{2}\int_0^1 (1-x)^2 dx = \frac{1}{2}\left[\frac{-1}{3}(1-x)^3 \right]_0^1 = \frac{1}{6}$$

問 5： $r\theta\phi$ 空間から xyz 空間への変換を

$$x = r\cos\theta,$$
$$y = r\sin\theta\cos\phi,$$
$$z = r\sin\theta\sin\phi$$

とする．$r\theta\phi$ 空間での領域は $0 \leq r \leq 1,\ 0 \leq \theta \leq \pi,\ 0 \leq \phi \leq 2\pi$，ヤコビアンの絶対値は $r\sin\theta$ であるから，

$$\int_D (x^2+y^2+z^2)\,dxdydz = \int_0^{2\pi}\int_0^{\pi}\int_0^1 r^4 \sin\theta\,drd\theta d\phi$$
$$= \frac{1}{5}\int_0^{2\pi}\int_0^{\pi} \sin\theta\,d\theta d\phi$$
$$= \frac{1}{5}\int_0^{2\pi} \big[-\cos\theta \big]_0^{\pi} d\theta = \frac{1}{5}\cdot 2 \cdot 2\pi = \frac{4}{5}\pi.$$

索　引

あ　行

か　行

さ　行

た 行

な 行

は 行

ま 行

や 行

ら 行

わ

著者略歴

廣瀬英雄
ひろせひでお

1977年　九州大学理学部数学科卒業
現　在　中央大学研究開発機構教授,
久留米大学客員教授,
九州工業大学名誉教授,
工学博士

2024年11月12日　初版発行

多変数の微積分

著　者　廣瀬英雄
発行者　山本　格

発行所　株式会社　培風館
東京都千代田区九段南4-3-12・郵便番号102-8260
電話(03)3262-5256(代表)・振替00140-7-44725

三美印刷・牧 製本

PRINTED IN JAPAN

ISBN 978-4-563-01240-3　C3041